内蒙古地域召庙建筑壁画研究

艾妮莎 著

Research on Architectural Murals of Temples in Inner Mongolia Region

内蒙古地域建筑学理论体系丛书／张鹏举 主编

中国建筑工业出版社

图书在版编目（CIP）数据

内蒙古地域召庙建筑壁画研究 = Research on Architectural Murals of Temples in Inner Mongolia Region / 艾妮莎著. —北京：中国建筑工业出版社，2023.12

（内蒙古地域建筑学理论体系丛书 / 张鹏举主编）

ISBN 978-7-112-29466-4

Ⅰ. ①内… Ⅱ. ①艾… Ⅲ. ①喇嘛宗—寺庙壁画—研究—内蒙古 Ⅳ. ①K879.41

中国国家版本馆CIP数据核字（2023）第244803号

本书通过对内蒙古不同地区召庙建筑壁画的整理，采用图像学的研究方法，从图像志角度对壁画内容进行解析，总结壁画作为二维平面视觉艺术，其色彩、线条、造型、构图等方面的形式特征展现出的地域特征以及地区审美差异性。并通过虚拟现实等科技手段对壁画视觉艺术进行修复和展示，进一步探索其背后的文化内涵和价值，并提出数字化设计保护策略。以期对此类壁画进行完整而清晰地梳理，为相关研究者提供可靠的研究依据和参考文献。同时，更完整地展现我国地域性文化独特的建筑美学特征。本书适用于高校建筑、艺术相关专业本科生、研究生以及从事建筑壁画研究、建筑美术研究的从业者和相关专业兴趣爱好者阅读参考。

责任编辑：张　华　唐　旭
书籍设计：锋尚设计
责任校对：王　烨

内蒙古地域建筑学理论体系丛书
张鹏举　主编
内蒙古地域召庙建筑壁画研究
Research on Architectural Murals of Temples in Inner Mongolia Region
艾妮莎　著
*
中国建筑工业出版社出版、发行（北京海淀三里河路9号）
各地新华书店、建筑书店经销
北京锋尚制版有限公司制版
天津裕同印刷有限公司印刷
*
开本：787毫米×1092毫米　1/16　印张：12　字数：214千字
2024年11月第一版　2024年11月第一次印刷
定价：**138.00**元
ISBN 978-7-112-29466-4
（42136）

版权所有　翻印必究
如有内容及印装质量问题，请联系本社读者服务中心退换
电话：（010）58337283　QQ：2885381756
（地址：北京海淀三里河路9号中国建筑工业出版社604室　邮政编码：100037）

序一

当今建筑学领域，技术日新月异，新发明和新创造层出不穷，为建筑学的发展带来了前所未有的可能性。我们一方面很容易被技术创新所吸引，另一方面也不自觉地忽略了那些根植于我们文化中的宝贵地域建筑遗产。事实上在这个高速发展的时代，地域建筑学的研究依旧扮演着至关重要的角色，在我国当下建筑发展由量到质的转变时期，重新审视地域建筑的价值依然十分重要。

内蒙古，这片广袤的土地上孕育了独特的自然景观和深厚的文化底蕴，其传统建筑因地制宜，蕴藏了丰富的建造智慧和美学价值。内蒙古工业大学建筑学院秉承对地域文化的尊重与理解，深耕于此数十年，不断探索与实践，将地域性、时代性、科技性有机结合，取得了令人瞩目的成果，成为中国地域建筑学教育、实践的重要基地之一。他们的成果不仅有对传统建筑文化的继承与弘扬，更有对现代建筑技术与理念的创新与应用；不仅有对国内外建筑学理论的学习与借鉴，更有对本土建筑的文脉、技艺、美学特质的深入研究与实践。可以说，内蒙古工业大学建筑学院在中国地域建筑学教育、学科建设、设计实践等方面已经树立了一个典范。“内蒙古地域建筑学理论体系丛书”的出版标志着内蒙古工业大学建筑学科建设又迈出了坚实的步伐。

“内蒙古地域建筑学理论体系丛书”涉及了内蒙古地域建筑学的多个方面，包括建筑文献史料、地域传统建筑研究以及当代地域建筑的创新实践，更有面对当下时代主题的地域性建筑绿色性能营造理论和实践，其中部分关于地域古建筑的研究还是抢救性研究。因此，这套丛书不仅有助于我们更全面地了解内蒙古地域建筑学的内涵和特点，也为进一步推动内蒙古地域建筑学的发展提供了重要的基础和支撑，同时还具有史料价值。首次的九本是对过去相关研究的一次总结，未来研究还将继续并不断出版。我相信，在内蒙古工业大学建筑学院的不断努力下，内蒙古地域建筑学一定会在未来的发展中取得更大成就。也相信，“内蒙古地域建筑学理论体系丛书”的出版，将丰富和完善中国地域建筑学的理论体系，激发更多的研究与探索，为地域建筑学的整体发展注入更多的活力与智慧。

作为在建筑学领域教学、实践和研究多年的同道，我为内蒙古工业大学建筑学学科建设不断取得的成绩感到钦佩和欣慰。“内蒙古地域建筑学理论体系”这一成果标志着他们在推动我国地域建筑学发展上取得的又一个成就，无疑将成为我们今天研究地域建筑历史、理论、实践和教育的有益读本和参考。

最后，我向长期致力于地域建筑学研究和教学的所有老师和学者们表示最深的敬意，同时也祝愿这套丛书能够激发更多人对我国地域建筑学的兴趣和热情，促进我国建筑学科更加繁荣和发展。

庄惟敏

中国工程院院士

全国建筑学科评议组召集人

全国建筑学专业教学评估委员会主任

全国建筑学专业学位研究生教育指导委员会主任

序二

自从建筑学成为一门学科以来，“地域性”以及与之相关的讨论就一直是建筑基本属性中的关键问题。地域视角下的建筑学不仅是单一技术领域的研究，其更融合了建筑对环境的理解、对文化的敏感性和对社会需求的回应。这一过程使建筑学得以成为一门与自然环境、文化、历史、社会背景紧密相关的综合性学科，为当下建筑学与其他学科的交叉融合创造了条件。

地域建筑学的观念发展于20世纪中叶，肇始于建筑师和理论家对于现代主义建筑提倡的功能主义和国际风格的批判和反思。地域建筑学学科体系通常包括环境与气候适应、文化和历史文脉、地域风格与装饰系统方面的研究。随着可持续和环境保护意识的增强，这一领域的研究开始更多地关注如何通过当地建筑材料与传统建造技术的应用，以及生态友好的设计策略降低建筑对环境的影响。这一方面的内容包括可持续发展和生态设计、材料科学和建造技术以及城乡规划中地域性等相关问题的讨论。

内蒙古特有的地理气候条件和人文历史环境为该地区的建筑文化提供了丰富的资源，其中大量的生态建造智慧和文化价值需要进一步挖掘和研究。针对内蒙古地域建筑学研究起点较低以及学科体系发展不平衡的问题，内蒙古工业大学建筑学院的相关团队进行了一系列的积极探索。第一，通过实地研究的开展，建立了内蒙古地域的传统建筑文化基因谱系与传统建造智慧的数据库，为该地区传统建筑文化的研究和传承提供了丰富的基础资料。第二，通过将内蒙古民族文化背景下的建筑风格、建造手段、装饰艺术与现代设计理念的融合，发展出这一地区的地域建筑风貌体系以及建造文化保护的相关策略。第三，通过地域建筑遗产的保护、更新，以及当代地域性建筑的营建活动，积累了大量的地域建筑设计样本，并在此基础上形成了适应时代需求的内蒙古地区建筑设计方法，促进了理论与实践的结合。第四，在以上研究与实践工作过程中，针对不同的研究方向组建和培养了相应的师资团队，为地域建筑学科在教育和研究领域中的深度和广度提供了保障。以上内容从人文与技术两个维度出发，构建了内蒙古地区地域建筑学研究的理论框架，为该地区建筑学科的发展奠定了坚实的基础。

本丛书是对上述工作内容和成果的系统呈现和全面总结。内蒙古工业大学建筑学院团队通过对不同地理空间、不同时代背景、不同技术条件下的内蒙古建筑文化进行解析和转译，建构了内蒙古地域建筑学的学科体系，形成了内蒙古地域建筑创作的方法。这项工作填补了内蒙古地域建筑学的研究空白，对于内蒙古地区建筑文化的传承以及全面可持续发展的实现具有重要意义，也必将丰富整体建筑学学科的内涵。

内蒙古地域建筑学是一个开放且持续发展的研究课题。我们的目标不仅是对于现存内蒙古地区传统建筑文化遗产的记录与保护，更在于通过学术研究和实践创新，为内蒙古地域建筑的未来发展指明方向。在此诚挚欢迎同行学者的加入，为这一领域的研究带来新的视角和深入的洞见，共同塑造并见证内蒙古地域建筑的未来。

张鹏举

前言

明清时期是内蒙古地区多元文化艺术融合的重要时期，此时的召庙壁画从侧面反映着当时的社会文化，成为集地域民俗、政治经济、文化思想于一身的象征符号。16 世纪，土默特部俺答汗率领蒙古部族远赴青海迎佛，与藏传佛教格鲁派建立了供施关系，返回后便开始建寺供佛，极大地促进了土默特地区召庙壁画艺术的兴起。入清后，清廷大力扶植寺庙建设，内蒙古地域上更是建寺甚多，大量召庙的兴建带动了殿堂壁画艺术的生发，由于匠作来源的不同，又伴随着蒙古、满、汉、藏等多民族的交流与融合，使得召庙壁画呈现出不同的艺术风格。清代藏传佛教鼎盛时期，内蒙古地区佛寺千余座，可惜多数不存，壁画遗存更少，相较而言，本书所录的召庙为全区明清壁画遗存较丰富者。

20 世纪 80 年代即有诸多学者对内蒙古地区的壁画加以关注研究，持续至今，但多为一寺一殿的壁画研究，缺乏地区性的整体研究。本书通过对内蒙古地区现存的明清召庙壁画进行整体梳理，解读壁画在蒙古、汉、藏、满的艺术融合及互动发展的过程中，体现的中华民族的共同文化艺术意象，呈现的独有艺术图像特征，为中华艺术添加了一抹色彩。

书中主要介绍了呼和浩特市的大召、席力图召、乌素图召；包头市的美岱召、昆都仑召、五当召；鄂尔多斯市的乌审召、乌兰陶勒盖庙八座召庙的壁画图像。内蒙古地区其他地方的召庙也有部分古壁画遗存，但壁画数量和绘制内容不及选取的召庙壁画具有代表性。本书通过系统的实地调研、考察和分析，展现地域壁画艺术的装饰艺术特征，探索地域审美与文化特征，传承传统地域艺术文化遗产。

书中的一些壁画内容和细节首次公诸于世，如呼和浩特大召大雄宝殿佛殿壁画，色彩丰富、用线考究、绘制精美，但由于殿内长年油烟侵污，且光线不足，致使殿内的师父和大召专业讲解员都未能窥其全貌，本书第一次将东西两壁绘制的十八罗汉像完整地展示于世人面前。佛殿北壁所绘五方佛壁画由于一直被前面的雕塑遮挡，更为平常所不可见，此次书中对此也进行了辨识及详细的描述。再如鄂尔多斯乌审召德格都苏莫殿北壁壁画，由于中间两幅画像完全被前面雕塑遮挡，难以辨识，但在第二次调研中，机缘巧合拍下被雕塑遮挡的壁画局部，恰好可以佐证画像身份，再根据文献资料的佐证，得以了解北壁各个画像内容及其关系。此外，书中对其余几座召庙的壁画图像也有较为全面的展示。

本书对内蒙古地区召庙壁画的色彩特性、工艺技法、构图形式、比例尺度等进行分析，归纳总结明清不同召庙壁画的图像装饰的总体特征、流变过程；对召庙壁画的数字化修复及保护进行了一定的探讨，并使用徕卡 BLK360 三维激光扫描仪通过站点扫描搜集点云数据，生成召庙建筑内外复原图、全景图。目前正在建设内蒙古召庙建筑壁画的数字化网站，包括图片展示、壁画介绍、空间交互、沉浸式体验等内容，希望越来越多的人可以体验到独具地域性的艺术文化特色，提高世人对内蒙古地域召庙建筑壁画文化遗产的重视，共同将这一文化遗产传承发展。

壁画作为召庙建筑殿堂内墙的主要装饰，不仅起着美化殿堂之功用，更与建筑的内部空间及造像共同构成了完整的空间叙事结构。内蒙古地区遗存的明清召庙壁画是内蒙古壁画艺术遗产中的重要组成部分，召庙壁画所绘图像记录并传承了明清时期内蒙古地域文化内涵及发展状况，对其进行保护及传播可更好地推广和发展内蒙古地域性文化艺术。

目录

Contents

第三章 内蒙古包头召庙建筑壁画

第四章 内蒙古鄂尔多斯召庙建筑壁画

第五章

第一章

综述

内蒙古地区现存大量古代壁画。元代萨迦派传入蒙古地区时从我国西藏与尼泊尔带来大批工匠，在蒙古地区开窟建寺，并在石窟中绘制壁画。以鄂尔多斯阿尔寨石窟壁画为例，阿尔寨石窟中至今仍保存千余幅壁画，壁画内容以佛教题材为主，还有世俗题材，反映了北方古代民族的历史事件、宗教活动、礼俗礼仪和生活场景。元朝覆灭后，蒙古与西藏的关系基本中断，相关的文化艺术同样销声匿迹。

明朝时期，藏传佛教格鲁派再次由鄂尔多斯地区传入蒙古地区并兴起、发展，格鲁派为寻求外援而积极联络蒙古部落首领，万历六年（1578 年）格鲁派三世达赖喇嘛索南嘉措与土默特俺答汗在新落成的青海仰华寺举行有十万人参加的盛大会见，这次盛会成为历史上格鲁派正式传入蒙古地区的标志。此后蒙古各地开始兴建召庙。到了五世达赖喇嘛时期，漠南蒙古各部和漠北喀尔喀蒙古的汗王，已经陆续在精神文化和社会生活层面普遍崇信了格鲁派。

明嘉靖二十五年（1546 年），俺答汗开始修建“板升”（蒙古人对定居村落的称谓），并于嘉靖三十六年（1557 年）修建八大板升及美岱召城门及角楼的“五座塔”。隆庆六年（1572 年），俺答汗在美岱召修建了最早的寺庙即如今的西万佛殿。美岱召作为格鲁派传入蒙古的第一座明代召庙，不仅有重要历史地位还拥有独特的召庙壁画艺术风格。明万历八年（1580 年）大召竣工，万历皇帝赐名为“弘慈寺”；明万历十三年（1585 年）建席力图召；明万历三十四年（1606 年）建乌素图召。随着召庙的兴建，壁画艺术也逐渐被绘制于建筑界面上，三座召庙殿堂内部壁画所绘位置，均描绘于建筑墙壁、天顶木板、藻井等区域，较为全面地对召庙建筑进行装饰绘制。

清朝时期统治者对蒙古部落执行了“以政护教”“以教固政”的政策。在清朝统治者和蒙古封建贵族的扶持下，藏传佛教在蒙古地区的发展极为迅速，特别是到康熙、雍正、乾隆三朝时臻于鼎盛，蒙古地区的藏传佛教寺院也如雨后春笋般地建立。至此，藏传佛教在蒙古地区发展到极盛，仅召庙就达千座之多，且深入分布于蒙古各旗，平均每旗就有二十多座召庙。昆都仑召始建于康熙二十六年（1687 年），雍正七年（1729 年）在中公旗王公的资助下兴建“小黄庙”并逐渐扩建形成昆都仑召。乌审召的建造于康熙五十二年（1713 年）。五当召始建于乾隆十四年（1749 年），乾隆二十一年（1756 年），乾隆皇帝赐予亲笔书写满、蒙古、藏、汉四种文字的“广觉寺”匾额，现仍悬挂于洞阔尔殿门正中。

召庙中的壁画一般直接绘于殿堂墙壁，壁画的颜料采用矿物质颜料，有数十个品种，多为不透明的矿物质如石青、石绿、石黄、朱砂等，绘画时颜料中调入动物胶和牛胆汁，便于凝固，起到保持光泽、增强牢固的作用。将墙面用石灰等抹平再绘，绘后用加工过的胡麻油等透明油料涂于表面，保持光泽。有的召庙壁画绘制完成后，用稀胶水刷到壁画上，待干后再罩一道清漆。这是西藏寺庙壁画的一种做法。内蒙古地区清代绘制的五当召苏古沁殿、昆都仑召大雄宝殿和乌审召德格都苏莫殿的壁画，皆在绘制时或绘制完成后罩染了桐油，明代壁画为主的美岱召、大召、席力图召、乌素图召壁画均未使用桐油，但呼和浩特的部分召庙会在壁画中运用描金的技法，并在召庙建筑的内部柱子上涂桐油。

第一节　内蒙古地域召庙建筑壁画风格

明清时期是内蒙古地区多元文化艺术融合的重要时期，是不同地域相互交融的重要通道，此时的召庙壁画不仅与当时朝廷有关联，也与社会发展相关联，成为集地域民俗、政治经济、文化思想于一身的象征符号。自明代以来，随着汉藏之间的文化交流不断加深，西藏地区的艺术不但在宫廷中得以延续和发展，且逐渐渗透到更加广阔的民间。人们往来簇繁的河西走廊和安多地区，各民族杂居其间，艺术的活动在交融与创新之间迸发出了耀眼的光芒，同时明代中后期以俺答汗为代表的蒙古势力极大地促进了土默特地区召庙壁画艺术的兴起，伴随着蒙古、藏、汉等多民族的交流与融合，以及蒙古地区与西藏、清朝政府之间的密切关系，寺院建造数量不断增多，建筑、雕刻、壁画等在内蒙古地区开始逐步发展。经过几百年的历史演进，目前土默特地区存留下来具有历史价值和艺术价值的明代召庙壁画依然呈现在人们眼前。无论在规模上还是在地域分布上，都较元代有过之而无不及，为后人留下了大量精美的壁画艺术作品。

清朝时期汉、蒙古、藏各民族之间的纽带不断加以完善和巩固，文化向心力和凝聚力不断加深，使得这一时期的艺术创作活动呈现出灿烂缤纷的景象。由此，召庙壁画艺术逐渐走向成熟和完善，风格逐渐统一，后期有较为显著的模式化倾向。明朝中期形成的勉唐画派和钦日画派，在清代获得了巨大发展。明朝晚期逐渐兴起的噶玛噶智画派在清中期受到康区土司的大力扶持，成为18世纪以来西藏地区艺术流派中的重要力量，其对于中原汉地艺术因素全面大量的借鉴和采纳尤为人称道。顺治经康熙至乾隆时期的长期艺术实践，宫廷的西藏地区艺术将中原汉地、西藏和蒙古造像艺术风格融于一体，形成了具有鲜明艺术特色的风格样式。寺庙壁画更趋世俗化，内容也深受民间美术的影响，寺庙中有相当一部分的壁画绘制由民间画工们承担。18世纪出现的一批噶玛噶智画派的艺术家，对于唐卡绘画、寺庙壁画创作等作出了重要贡献，其作品不但成为西藏地区的范本之作，广为流传，而且影响直达宫廷，清廷的很多唐卡或来自于这些地区，或由清宫仿画，两者风格一脉相承。例如《如意藤》本生故事的系列唐卡多数是以他们的作品为范本而仿画的，现在西藏地区和北京故宫的18~19世纪藏品中，都能见到布局和情节安排完全一致的作品，在内蒙古中部地区五当召、昆都仑召也能见到相似构图的作品，可见其影响之深远。

一、藏式风格

西藏早期召庙绘画受到印度波罗王朝（公元7~11世纪）的影响，以红、蓝两色作为召庙绘画的主要色彩。同期，克什米尔风格在11世纪的阿里地区盛行，严重影响了该地古格画派早期的绘画艺术形式，而在阿里地区盛行克什米尔风格的同时，靠近尼泊尔的卫藏地区也在探索不同的绘画风格，并在14~15世纪分别形成了以夏鲁寺为代表的夏鲁风格与以白居寺为代表的江孜风格，也就是这一时期，卫藏地区的召庙绘画色彩逐渐转为红绿色调。15世纪后，随着政权的转变，中原汉地素雅的绘画风格也直接影响到藏式绘画，这一时期的西藏绘画融合了中原绘画艺术，渐渐减少艳丽色彩的使用，降低画面色彩饱和度。15世纪后期，在出身勉塘的画师勉拉顿珠与以山南艺术家钦则钦莫为代表的一批艺术家的共同努力下，将印度、尼泊尔、我国中原的绘画艺术相融合，创造了西藏流传最广的勉唐画派，形成以汉藏风格为主导的新风格，其画派手法表现为：民族特色浓郁，多以蓝绿色为主调，兼用红色，颜色鲜亮，多用勾金、沥金、贴金等手法，勾线注重运用铁线描和枣核描，工整流畅，具有纯粹的本土画风和变通意识。17世纪曲英嘉措在旧勉唐画派的基础上，再次进行创作，称为新勉唐画派。而五当召建筑形式所模仿的扎什伦布寺就是勉唐画派与新勉唐画派的大本营。清代的西藏绘画形式以三大流派广为流传，分别是：勉唐画派、噶玛噶孜画派以及热贡画派。随着格鲁派在西藏地区确立了统治地位，并推行勉唐画派与《造像度量经》，将召庙绘画中各尊像的造像样式制定了标准与规范，至此藏式绘画的风格样式大为减少，格鲁派召庙绘画大多以勉唐画派为主要风格流派。扎什伦布寺壁画的绘画风格带有明显汉藏结合的风格特点，用色虽强烈但画面整体呈现典雅之感，在五当召苏古沁殿、昆都仑召大雄宝殿以及乌审召德格都苏莫殿三殿壁画中皆有体现。扎什伦布寺勉唐画派绘画站身尊像时，双足呈“一”字形向外展开，这一点苏古沁殿六臂怙主与德格都苏莫殿十一面千手千眼观音完全符合；扎什伦布寺绘制的喇嘛像人物，衣纹重叠，线条流畅，且画面构图饱满，与昆都仑召大雄宝殿绘制的《宗喀巴成道故事图》相符。大召大雄宝殿、乌素图召庆缘寺大雄宝殿和东厢房绘制的财宝天王图形象表达皆趋近于藏式图像。由此可见，内蒙古召庙壁画也是以格鲁派所推行的勉塘画风为主要风格。

二、汉式风格

中原汉地壁画多见优美的造型、细密繁复的线条、淡雅的用色、高超的绘画技巧以及静谧华丽的图像氛围，这离不开中原汉地稳定的农耕文化与灿烂多姿的文学流派。中原汉地的绘画风格早在15世纪就开始被西藏勉塘画派吸收融合，并形成西藏佛教绘画独有的艺术风格。中原汉地的青绿山水画形成于唐代，发展于宋代，鼎盛于明代。早期的山水画多为工笔重彩，以石青、石绿等矿物颜料为主表现山峦沟壑，宋代以后才出现淡彩，以水墨设色，技法以勾线和皴擦点染为主。内蒙古地区的召庙建筑壁画背景中常运用青山绿水衬托画面主题，花草树木、山石瀑布富有自然流畅之美。在描绘上，用方折有力的线条勾勒出山石坚硬的质感，山石的皴擦渲染就是借鉴了中原汉地中山石的绘画手法，层层叠叠的山林增加了画面空间感，在色彩的选用上以石青、石绿、赭石为主。在设色运线上多用线描、勾勒、白描与平涂技法。在人物刻画上，人物面相多温润，人物衣饰造像中多披帛等绘画特征表现。召庙壁画中多见不同形式的建筑，其中汉式建筑以琉璃歇山顶建筑较为常见，并在壁画中与藏式建筑、汉藏结合式建筑完美融合。席力图召古佛殿的四大天王像人物服饰运用铁线描，衣服纹理跟随形体稠密下垂，人物设色方式基本采用平涂法，铺设颜色为青绿、黄、红与黑；山水风景傅彩主要运用青绿色着色。席力图召风景技法将背景大面积写实绘制山水树石，用笔干脆利落，山石结构较分明，树叶多用夹叶法体现树丛的稠密感，最能体现汉式艺术对其的影响。大召乃春庙绘制的伴神形象与明人绢本《入跸图卷》对比，人物帽式、图像外轮廓造型较为接近，可见乃春庙壁画对明代绘画的承袭。大召和席力图召壁画中绘制的多位侍者和供奉者也多绘制为汉人样貌穿着中原汉地的服饰。综上所述，中原汉式风格对内蒙古召庙壁画装饰特征有着较为显著的影响，从人物造像到风景应用都有较大的文化迁移现象。

三、蒙古式风格

在蒙古族的悠久历史文化中，有着多种信仰崇拜，自然崇拜、祖先崇拜、图腾崇拜以及长生天崇拜，每一种信仰崇拜都与蒙古族的游牧生活息息相关，体现着蒙古人最朴素的世界观。蒙古早期的图像作品是具有浓厚萨满教色彩的岩画，萨满教美术从石器时代影响着蒙古族美术直到佛教美术形成乃至成熟。内蒙古地区的佛教壁画艺术可追溯到元代，随着藏传佛教传入内蒙古地区，大批中国西藏与尼泊尔的工匠在内蒙古地区开窟建寺。元代蒙古壁画以鄂尔多斯的阿尔寨石窟为代表，凿于北魏中期，以西夏、蒙元时期最盛，明末佛寺毁于林丹汗西征鄂尔多斯之役。阿尔寨石窟壁画内容丰富，以蓝、绿、白、红、黑为主要用色。直至明清时期藏传佛教在蒙古地区二次传入乃至兴盛，蒙古绘画风格也日趋成熟。与首次传入的藏传佛教萨迦派不同，明朝时期传入的是藏传佛教格鲁派，格鲁派推行勉唐画派与规范化的造像形式。这一时期的蒙古地区召庙壁画呈现线条绘制上多采用铁线描勾勒，平涂填色，平视构图形式，并以不同大小的图幅绘画进行人物尊卑的区分。构图饱满，绘有多种建筑形式，石青、石绿的大面积使用令壁画极富蒙古族的游牧文化特色。乌素图召距离政治中心较远，是一座更偏向世俗化的召庙。召庙壁画中包含了本土地域人物造型特征以及风景民俗特征，其色彩应用也与呼和浩特地区其他召庙不同。壁画的内容与人的生活方式、风景习俗息息相关。庆缘寺大雄宝殿东西两壁所绘制的牧民生活场景图，说明这一时期的蒙古地区人民主要生活方式仍是放牧，并从事耕种辅助生活生产。壁画上的护法神与伴神戴共同样式的藤帽，脚踏蒙古长靴。《草木子》记载：“元代官员皆戴帽。其檐或圆，或前圆后方，或楼子，盖兜鍪之遗制也。”人物造像的形式、用线以及设色，均体现出和谐感和流畅感。壁画使用饱和度相对较低的颜色，不全似藏式壁画的高饱和度及繁复的细节表现。乌审召归属的鄂尔多斯地区在清代时期虽以藏传佛教为主要宗教信仰，但黄金家族的存在令鄂尔多斯地区的绘画融合了更多蒙古族的自身文化。德格都苏莫殿壁画在题材上增加了成就者的传记画，三位成就者在西藏、蒙古地区进行修行，壁画呈现草原的自然风景，东壁南侧绘制的形象身着长袍、下跨骏马，在草原上奔驰，周边还有奔跑的类犬动物，整幅画面以红、白、蓝、绿为主要颜色，绿色的大面积使用突显了鲜明的蒙古族特点。可见，内蒙古地区召庙壁画对藏汉寺庙壁画艺术的吸收是有选择性的，不是墨守成规的，以此逐渐形成独特的地域文化。

第二节　内蒙古地域召庙建筑壁画题材

内蒙古中部地区各召庙的壁画受西藏地区艺术的影响，所绘题材、内容造像有其自身规定，画家须遵循《造像度量经》的固定程式进行创作，因此在一定程度上使壁画形象较为程式化、概念化，但由于受当地文化艺术风格的影响，也呈现出具有土默特地区特点的样貌。召庙壁画就题材而言，可分为显宗绘画、密宗绘画、传承祖师、护法神祇、寺塔图绘画、建筑装饰、风俗绘画、历史事件绘画、现代生活绘画及其他绘画。内蒙古地区召庙建筑壁画题材主要有以下几类。

一、诸佛菩萨类

诸佛菩萨图像常见于各召庙壁画描绘中，也被称作显宗绘画。绘画中多以释迦牟尼、弥勒佛、药师佛、文殊菩萨等佛像为主要内容，主尊像常置于构图中央，旁边多绘有他们的协侍僧人和宗教活动，旁边由莲花和光环相衬，如大召大雄宝殿佛殿北壁所画五智如来佛像和美岱召大雄宝殿绘制的释迦牟尼佛像等。

佛母菩萨形象在召庙壁画中较常出现。召庙中佛母形象多见于佛殿天顶格栅中。乌素图召庆缘寺大雄宝殿佛殿内天顶格板上分别绘制有白度母、顶髻尊胜佛母形象；大召大雄宝殿经堂北壁西侧的财源天母像；五当召苏古沁殿和乌审召德格都苏莫殿绘制的大白伞盖佛母像等皆属此类。

二、传承祖师类

西藏地区历代师徒辗转授教的世系肖像也绘制于各个寺院壁面，绘画题材广泛丰富、比比皆是。主尊常置于构图中央，旁边绘有他们的活动，画中形象神态安详，稳坐莲台，周围用莲花和光环相衬，使人物具有一种稳固感。绘制内容上至印度佛教中的著名成就者、佛学家；下到西藏各教派的历代活佛、高僧和大成就者，人物众多，风采各异。包头美岱召的三世达赖像，包头美岱召、昆都仑召和鄂尔多斯乌审召绘制的宗喀巴像；乌审召德格都苏莫殿绘制的莲花生、寂护、赤松德赞也是召庙壁画中常见的绘画组合形式“师君三尊”；呼和浩特大召大雄宝殿、席力图召古佛殿绘制的十八罗汉即属于此类。根据藏传佛画的系统，绘制十六罗汉的画作是一组图，现今人们提及的十八罗汉的概念是受到汉文化的影响基于十六罗汉形成的。《西藏宗教艺术》中所述的“十六尊者在绘图排列中没有固定的顺序，因为他们的修为相当，且羯摩札拉是一位在家俗人，是十六尊者的侍从，而汉地和尚则是带领十六尊者进入大唐境内的使者”。大召、席力图召和乌素图召殿内绘制的十八罗汉皆采用上述内容。

三、本尊护法类

护法神绘画也称密宗绘画：一般为佛和菩萨的忿怒身相，皆头戴宝冠，身着天衣，佩瓔珞项圈，三目竖立，怒目攒拳，有一头二臂或多头广臂。绘画的基本构图采用中心构图模式，每一形象的描绘则根据陪衬眷属或侍从多寡的需要按不同方式组织画面布局，其造型、量度、手印、法器和色彩都有严格的规定，具有强烈的神秘主义色彩。这类绘画形象众多、名称繁杂，以四大天王最为普遍，佛殿正门两侧都满壁绘制，高大威武。还经常绘制有吉祥天母、大黑天、梵天、尸陀林主、空行母等。内蒙古地区召庙建筑壁画中皆有此题材的壁画内容。西藏的佛教有显宗和密宗之分。密宗包含金刚界和胎藏界，绘画题材经常把金刚、护法神和佛变身像绘成怒目而视、张牙舞爪的怪兽形象。《蒙古族美术》记载召庙中大批具备宗教内容的壁画、塑像等都有一个共同的仪轨，即造像都是依据《造像量度经》而制作的。这部佛像的主要工具书相传是释迦牟尼的十大弟子之一舍利弗所撰。历代都以梵本流传，清朝时在各召庙都有蒙古文译本，没有汉文译本，清乾隆年间，蒙古族学者工布查布将它译成汉文流传至今。据召庙中的喇嘛讲，各寺庙中都存有造像粉本，这部经书为召庙工匠从事佛教艺术提供了重要的依据，方便喇嘛画师依据此书绘制召庙壁画。明清时期，内蒙古各召庙中的壁画图像，尤其是关于护法尊像的部分，在度量仪轨的标准下，造像几乎一致，画师虽然绘制各召庙壁画的时间不同、人员组成不同，但因掌握的粉本为通本，所以均绘制出同样形态的护法像。

四、佛传故事绘画

各个召庙造型艺术表现的主要题材之一。画面主要取材于释迦牟尼传记故事，重点选取其一生的典型情节、重大事件，整幅壁画最擅长佛传故事的表现，常采用一幅一铺连续形式的表现方法，具有现代连环画的特点，情节连贯；有的采用中心构图法，中央为释迦佛巨幅像，四周按“之”字形等形式勾画故事，气势恢宏，利于整体艺术效果的展现和故事情节的转换，富有装饰韵味。包头五当召苏古沁殿绘制的《如意藤本生经释迦牟尼百行传》和昆都仑召大雄宝殿及美岱召大雄宝殿绘制的相同内容壁画皆属于此类题材。

五、其他类

建筑装饰及其他绘画：建筑绘画包括各地的知名寺院殿堂，通过装饰性花纹图案，使这些宏伟庄严、富丽堂皇的寺院和佛塔跃然画卷之上。同时也绘制大量的风景画、坛城，日月星轨、动物、花卉、梵文图案等吉祥图画，一幅壁画中，上有日月飞禽，下有河流、鱼、菩萨、上师、建筑等，包罗万象。内蒙古中部地区所调研的召庙中皆有此题材的壁画内容，且绘画风格不同，表现方式各具特色、精彩纷呈。

认知和理解壁画图像需要相应的知识作为前提，每幅壁画中涉及形象数量众多，各有其不同的图像学特征。所调研的内蒙古地区召庙壁画里充分体现了这些图像学特征，它们的来源纷繁复杂、名目繁多，大多数见于各部经典。每个壁画形象的主要特征，诸如头、手臂、脚部的数目，身色、五官、手势、器物、坐姿、坐具、服饰、装饰等，皆需要区分、总结。在不同经典中由于译本不同，绘画表现也有异同。据载，不同时期或相同时期壁画中同一个形象的手持器物，不一定完全不变，由于不同画师的处理方式和粉本流传过程中的再创作，有些时候会发生变化。壁画绘制是根据书或者粉本的内容，而不是汇集所有续部的不同说法而绘。在不同的续部当中，壁画各形象手里拿的器物或东西也会有所不同，由于续部里面解释得非常清楚，不会有问题和矛盾。所以不同地方绘制的同一图像动作细节上会有些许不同点。绝大多数的壁画绘画者创作的基础往往是师承下来的粉本或者借鉴现成作品，而这些样本与经典之间的关系并没有清晰的记载，二者之间经常会出现明显的差异，而这种差异产生的原因或经典依据却无从知晓。这也解释了为什么同一图像造像形象上具有不同之处。内蒙古地区的壁画内容大多是本地画工所绘，更具有了部分地区、民族特色。壁画艺术图像学研究的重要基础性工作之一就是不断收集各种形象的艺术作品资料，做更全面的研究。

第二章

内蒙古呼和浩特召庙建筑壁画

第一节　大召壁画

大召，蒙古语称“伊克召”，为“大庙”之意，现今坐落在呼和浩特市旧城玉泉区西南大召前街，为呼和浩特七大召之一。大召寺的建寺历史始于明万历六年（1578 年），蒙古土默特部首领俺答汗于青海仰华寺与西藏达赖三世索南嘉措会面，并许愿将“生灵依庇昭释迦牟尼佛像用宝石金银庄严”[①]，并于次年在呼和浩特开始兴建大召，明万历八年（1580 年）大召竣工，万历皇帝赐名为“弘慈寺”，因寺中供奉银制释迦牟尼像，佛殿内不少佛像和祭器皆用金银铸造而成，又以“银佛寺”而出名。明万历十四年（1586 年），三世达赖喇嘛索南嘉措应俺答汗之子僧格杜棱汗的邀请来到呼和浩特，亲临大召并主持了银佛的“开光法会”，自此大召在蒙古地区成为有名的寺院。除了蒙古右翼诸部本身之外，左翼察哈尔部、漠北喀尔喀部以及天山以北卫拉特部，纷纷派人到呼和浩特顶礼膜拜，请僧取经。1586 年建立在漠北喀尔喀蒙古鄂尔坤河中游右岸的额尔德尼召，即采用了呼和浩特大召的样式。17 世纪初（1602～1607 年），蒙古右翼诸部的译经师们在大召将佛教名著《甘珠尔经》最先译成蒙古文，故大召也称“甘珠尔庙”。明天启三年（1623 年），土默特部鄂木布·洪台吉捐资铸造的一对铁狮子和祭器，至今仍在大召佛殿门前矗立。

清崇德五年（1640 年），清太宗皇太极命令土默特都统古禄格·楚琥尔，分别派出土默特左右两翼佐领喇巴台、补音图等对大召进行重修和扩建，并赐予其“察格拉什－乌盖苏默”之名，以满、蒙古、汉三种文字书写寺额，改原来的寺名“弘慈寺”为“无量寺”。清顺治九年（1652 年），西藏五世达赖喇嘛洛桑嘉措在赴京返程中途经呼和浩特，并驻锡于大召寺，其铜像被供奉于大召内，由此提升了大召寺的地位。清代呼和浩特札萨克达喇嘛印务处开始设在大召。清康熙二十四年（1685 年），清廷任命朋斯克召（崇寿寺）的伊拉古克三·呼图克图为呼和浩特的札萨克达喇嘛。清康熙三十一年（1692 年），清廷查明其背叛朝廷的事实，由此任命呼和浩特巴噶召（小召寺）的内齐托因二世为呼和浩特掌印札萨克达喇嘛。清康熙三十七年（1698 年），不仅任命其为呼和浩特八大寺掌印喇嘛，且将大召印玺交付于他。据诺敏达赖《内齐托音呼图克图二世传》记载：“当时修葺之所用琉璃价格昂贵，每块按三钱计算，共

---

① 乔吉．内蒙古寺庙 [M]．呼和浩特：内蒙古人民出版社，2003：47.

图 2-1-1　大召　大雄宝殿

图 2-1-2　大召　大雄宝殿佛殿

图 2-1-3　大召　大雄宝殿佛殿西壁

计白银五千余两。”[①]此处描述大召因年久失修，琉璃瓦俱已破损不堪，内齐托因二世呈请康熙帝，动用自己的庙仓财产修葺大召。竣工后，清廷设“皇帝万岁金牌”于大召供奉，至今这一金牌仍在大召。自这次修建后，大召内的主要建筑物就未再发生较大变化（图 2-1-1～图 2-1-3）。

在近现代发展过程中，大召寺几经修缮与复建。1959 年为迎接十世班禅的到来，重绘佛殿建筑，并在经堂内安装电灯。20 世纪 80 年代，五间楼、菩萨庙等部分建筑被拆除。从 1986 年大召寺被评为重点文物保护单位起，在国家的扶持下，经历了数次维修，修缮了经堂、佛殿、配殿及召内庭院，重建了玉佛殿、菩萨殿，加设了配套的消防、监控等基础设施。

大召寺过去的建筑布局，据《内蒙古藏传佛教建筑》记录，寺庙建筑风格为汉、藏结合式。[②]大召由正院、东仓、西仓三大院落单元组成，东西两仓各有仓门，北端互通构成环绕寺庙的甬道。正院内有天王殿、菩提过殿、大雄宝殿、九间楼 4 座主殿和钟楼、鼓楼、无量佛殿、长寿佛殿、集密佛殿、胜乐

① 乔吉．内蒙古寺庙 [M]．呼和浩特：内蒙古人民出版社，2003：49.

② 张鹏举，内蒙古藏传佛教建筑 [M]．北京：中国建筑工业出版社，2012：92.

佛殿、老道房、东西耳房及其前东西配殿等殿宇楼阁。东仓内有菩萨庙、公中仓、喇嘛印务处、五间亭等建筑，西仓内有乃春庙、五间楼、东西配房等建筑。

大召是明清时期内蒙古地区最著名的寺院，如今的大召寺，拥有四百余年的历史和丰富珍贵的文物古迹，占地面积约30000平方米，是呼和浩特现存最大、最完整的木结构建筑群。大召寺坐北朝南，三院串联，整体建筑风格仍为汉藏结合式，主要殿堂布局是“伽蓝七堂式”，正院从南向北依次有门牌楼、山门、天王殿、菩提过殿、大雄宝殿和九间楼。轴线东西两侧，自南向北依次分布有钟楼、长寿佛殿、胜乐佛殿、东侧耳房及弥勒佛殿和鼓楼、普明殿、密集佛殿、西侧耳房及大白伞盖佛殿等建筑。东西设两个侧院，西跨院中有汉白玉吉祥八塔、乃春庙、藏经阁、公中仓和东西配房等建筑，东跨院中有菩萨殿、玉佛殿以及厢房等建筑。大召寺内的主要建筑大雄宝殿在修缮时沿用了汉藏结合的建筑形式。大召现为内蒙古自治区重点文物保护单位，已成为呼和浩特市旅游中心。寺内还收藏着许多宝贵的文物，明代的历史遗物银佛、龙雕、壁画为大召寺的“三绝”，极具艺术及鉴赏价值。现古代壁画遗存主要位于大雄宝殿的经堂北壁、佛殿内部以及乃春庙佛殿北、东、西三壁（图2-1-4、图2-1-5）。

图2-1-4　大召 乃春庙

图2-1-5　大召 乃春庙经堂

一、大雄宝殿

大召大雄宝殿坐北朝南，建成于明万历七年（1579年）。现存明代壁画主要集中于经堂北壁东、西两侧以及佛殿内。1984年以来，呼和浩特市文物事业管理处抢救性地揭取了经堂东西墙壁画，同时临摹了其他壁画。

经堂北壁西侧壁画的主尊是十一面八臂观世音菩萨立像，绘制用线雄浑流畅，色彩平铺，服饰呈现装饰化，可以判定大召寺大雄宝殿经堂北壁两幅壁画绘制或使用的粉本，或重描前的底层壁画，年代较为接近寺院的建造时间。观音像身着天衣，戴珍宝瓔珞，并足于莲花宝座中央。八臂中第一双手当胸合掌捧宝珠，其余右三手从上到下依次持水晶佛珠、法轮、结无畏印，左三手依次持八瓣莲花、弓箭、净瓶。十一面八臂观音左右两侧各两尊佛像。画面最上方隐约可见五个莲台，应为护法像，由于殿内光线太暗且壁画上部颜色脱落严重，已无法辨认身份（图 2-1-6、图 2-1-7）。

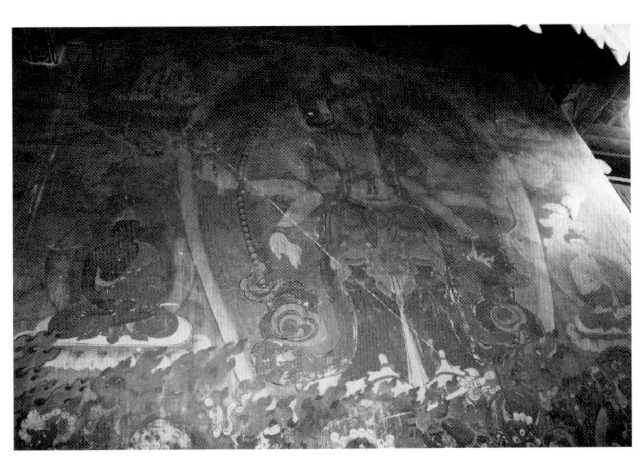

图 2-1-6　大雄宝殿 十一面八臂观音像

图 2-1-7　大雄宝殿 十一面八臂观音像（局部）

十一面八臂观音像两侧的四个佛像分布均匀，结合经堂北壁东侧的壁画构图及内容，可推测这两面墙上的八个佛像应为药师八如来。[①] 主尊像左上方为蓝色身像的药师佛，右手作施愿印，左手捧钵。左下方为无忧名如来，粉红身色，右手为施愿印，左手为定心印。主尊像右侧上方为善名称如来像，右手为无畏施愿印，左手为定心印。右侧下方为金色如来，身黄色，施说法印（图 2-1-8、图 2-1-9）。

十一面八臂观音主尊像的最下方为五尊护法像，从左至右分别为：吉祥天母像、六臂怙主像、马头明王像、降阎魔尊像、财宝天王像。壁画所绘吉祥天母像通身黑蓝色，一面三眼二臂，右手挥舞杈杖，左手置于胸前持颅碗，张着大口露出利齿，黄发上冲，头冠上有月亮模盘，其上有孔雀羽华盖，围裙是新

① 阿罗·仁青杰博. 藏传佛教圣像解说 [M]. 西宁：青海民族出版社，2018：34.

图 2-1-8　大雄宝殿 善名称如来像

图 2-1-9　大雄宝殿 金色如来像

剥的虎皮制成，腰上插着拘鬼牌缠着蛇，褡裢上挂着一条装满疫病的口袋和一对骰子，坐骑是一头黄骠神骡，神骡左右胯部还长着两只眼睛。吉祥天母属于护法神系里级别最高的护法神，在每一座寺院里都能看到，本书所调研的七座召庙壁画中也均有吉祥天母（图 2-1-10）。

六臂怙主像通身靛蓝色，一面三眼六臂，大嘴獠牙，面呈暴怒相，头侧盘绕着一条蛇，头戴五骷髅冠，项挂五十个人头缀成的花环，通身缀满各种饰物，有手镯、脚镯、项链、红色耳环，六只手中右一手放在胸前持钺刀，左一手捧颅碗，右二手上举持人骨念珠，左二手持三叉戟，右三手持骷髅骨，左三手持带有金刚杵和钩子的降魔套索，站立姿势，着虎皮裙，右腿弯曲左腿伸直，足踏白色象头神，周身红色火焰环绕。六臂怙主也被称作六臂大黑天或六臂玛哈嘎拉。大黑天来源于印度教，后被吸收进藏传佛教。具经书记载大黑天有五种身色：蓝、白、黄、红、绿，每个身色恰好对应五方佛的身色。除了身色不同，大黑天还有两臂、四臂、六臂等不同造像（图 2-1-11）。

马头明王像三面六臂，此形象最受格鲁派重视，身红色，红发上竖，每面各三目。三面的含义为：中面色红表示幸福、右面色白表示善静，左面色蓝表示忿怒。马口皆作鸣状，身挂五十个人头念珠，腰围虎皮，肩披象皮，六臂右一手持金刚杵，右二手持人骨杖，右三手持宝剑，左一手作期克印，左二手持矛，左三手持人肠绳，明王六足右三屈左三伸。马头明王手部法器的顺序与清代所传粉本不同，头戴骷髅冠似有明代特征（图 2-1-12）。

图 2-1-10　大雄宝殿 吉祥天母像

图 2-1-11　大雄宝殿 六臂怙主像

图 2-1-12　大雄宝殿 马头明王像

降阎魔尊的身形相貌有许多种，本壁画为外修像，身黑蓝色，身形头脸为水牛形，头戴骷髅冠，三目圆瞪，头发上竖，身体四周有象征忿怒的红色火焰，脖子上挂着人头项圈，右手高举骷髅棒，左手持套索，双脚右曲左直踩在一头青色大水牛身上，明妃在左侧站在水牛身上，肩披鹿皮，头发下垂，左手拿三叉戟，右手捧着颅骨碗（图 2-1-13）。

图 2-1-13　大雄宝殿 降阎魔尊像

财宝天王像身金色，着金甲，一面二臂，双目圆睁，以五宝冠为头饰，右手持宝幢，左手揽一只吐宝兽，宝贝璎珞遍满全身，坐在红鬃白狮上。财宝天王除了作为财神也是北方的守护神，即四大天王中的多闻天王，在壁画造像上也很相似（图 2-1-14）。

经堂北壁东侧一铺壁画画面构图与西侧基本一致，主尊像左右各两尊佛像，最下方为五尊护法像，但最上方左右分别可见各一位护法像，看形象应是两个双身护法像，颜色和细节剥落比较严重，无法辨识身份。主尊像为无量寿佛，身橘红色，戴五佛冠，穿天衣，身佩珠宝璎珞，双手结禅定印，手心置长寿宝瓶，结跏趺坐于莲台座上（图 2-1-15）。

图 2-1-14　大雄宝殿 财宝天王像

图 2-1-15 大雄宝殿 无量寿佛像

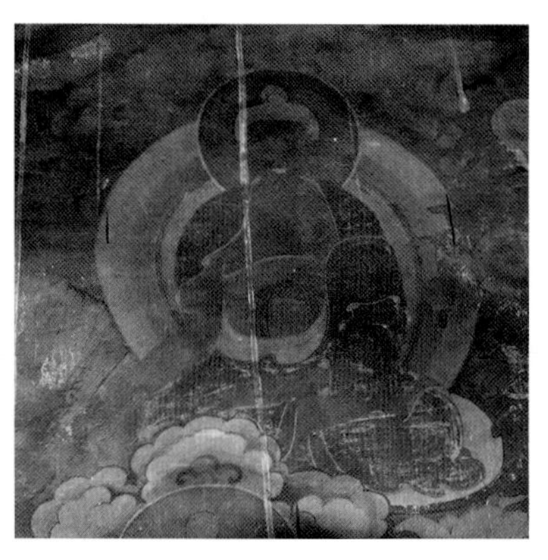
图 2-1-16 大雄宝殿 珍宝如来像

图 2-1-17 大雄宝殿 现智如来像

图 2-1-18 大雄宝殿 法赞如来像

图 2-1-19 大雄宝殿 黑财神像

主尊左上方为珍宝如来像，身黄色，右手为施愿印，左手为定心印。左下方为现智如来，身白色，右手施愿印，左手为定心印。主尊右侧上方为释迦牟尼佛像，身金黄色，右手施触地印，左手施禅定印。右侧下方为法赞如来像，红白身色，双手施说法印（图 2-1-16～图 2-1-18）。

最下方五尊护法像依次为：黑财神、四面怙主、白拉姆、姊妹护法、财源天母。壁画所绘黑财神像一面两臂，怒面三目，以不动佛冠为头饰，全身未着衣，仅脖子上挂着一条项链。右手托盛满如意宝的颅器，左手抱着吐宝鼠。双足叉立在男魔身上，右足弯曲压着魔头，左足伸直压着魔腿。粗体大腹，以富态之势，立于莲台之上（图 2-1-19）。

四面怙主也是大黑天的身形之一，护法像身为黑蓝色，怒面四臂两足。

每面具三目，头戴五骷髅冠，须发上冲，居中面为黑蓝色，左面为红色，右面为白色，顶部面为烟色，右一手持金刚钺刀，右二手挥扬金刚剑，左一手持盛满血液的颅器，左二手持具有人骨头和虎尾幡的利戟，以毒蛇、象皮、虎皮、人皮为衣，以鲜人头及颅骨为饰，身上有蛇饰，左肘间夹着一个金制宝瓶，里面盛满甘露。粗体大腹，双足右屈左伸，分别压伏象征外道恶魔躯体的身上，站于莲花日月轮座，背有火焰（图 2–1–20）。

图 2–1–20　大雄宝殿 四面怙主像

白拉姆是吉祥天母的寂静像，也有记载认为白拉姆是吉祥天母的女儿。壁画所绘白拉姆像肤色洁白，头上发髻高耸戴五宝冠，耳朵佩戴着金色大环，眼睛细长，目光和善；身披白色大衣，内着红袍，脚下穿靴，坐于莲座上；右手拿一支白杆的长羽箭，左手端一只盛满珠宝带有装饰的碗（图 2–1–21）。

姊妹护法像也被称为皮铠甲护法或者大红司命主，护法身体鲜红，三目怒视，大嘴獠牙，舌头卷起，眉毛黄红色上冲。右手高扬挥舞利剑，左手拿着敌魔的一颗黄红色心脏递向嘴边，左肘间夹着一支长矛和一副弓箭，矛上飘动黑红色旗。右脚弯曲踩着一匹灰绿色四蹄朝天倒卧的战马，左脚伸直踏着匍匐的被俘者。身穿铠甲，足穿高筒靴，红色火焰环身，护法战袍袍面有较为明显的重绘花纹，似清代所绘（图 2–1–22）。

财源天母像身黄色，一面二臂，天衣披身，上有璎珞作为装饰，右手结施胜印持珍宝，左手结施依印持绿色花，神色庄严宁静，结跏趺坐于莲台。此面壁画尊像间空处背景中绘有较为细密的山水画（图 2–1–23）。

大雄宝殿佛殿壁画绘于东、西、南、北四壁上，由于佛殿内雕像较多、光线极暗，无法看清并完全识别殿内四壁壁画。据现在可以观察到的部分分析，东、西两壁和南壁东、西两侧所绘题材为十八罗汉，其中东、西两壁各绘有八尊罗汉，羯摩札拉尊者和布袋和尚则绘制在南壁东、西两侧。殿堂内东西两壁中的罗汉图，按照蛇形蜿蜒回环式构图，将原本单独罗汉尊像加以人物叙事形成故事场景，片段间以侍者、动物、山石、树木、流水、浮云衔接，既情节分明又气势连贯，每个片段都作为一个单元独立展开完成叙述，又能与整体呼应。

图 2-1-21 大雄宝殿 白拉姆像

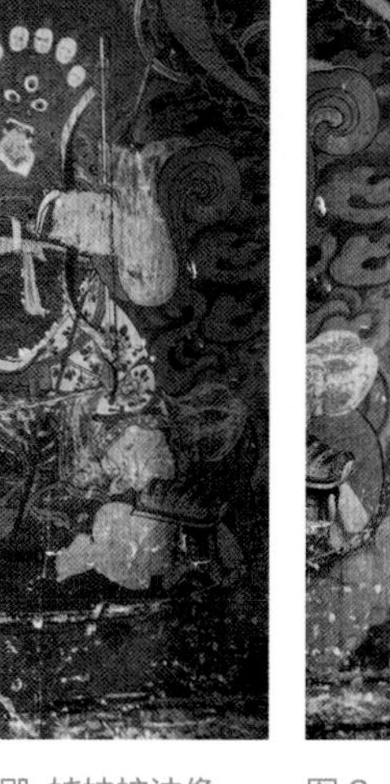

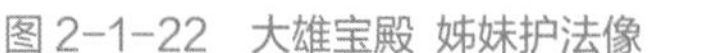
图 2-1-22　大雄宝殿 姊妹护法像

图 2-1-23　大雄宝殿 财源天母像

西壁佛像可辨识出从南到北分别为：罗睺罗尊者、迦罗迦伐蹉尊者、注荼半托迦尊者、伐那婆斯尊者、伐阇罗佛多尊者、迦里迦尊者、阿氏多尊者、因竭陀尊者。

西壁最南边的罗汉像被前面的雕塑遮挡，但从侧面可以看到尊者手捧天冠，故判断为罗睺罗尊者（图 2-1-24）。

旁边几幅尊者像被遮挡得不多，基本可窥其全貌。迦罗迦伐蹉尊者正面朝向观者，身着僧衣，双手持珠宝瓔珞，半跏趺坐于垫上。尊者正前方和侧方均绘有形体较小的僧人，面向尊者，身体向前微躬，背朝观众，一僧人左手背后拿一念珠，另一僧人双手呈贡品奉上，形态生动（图 2-1-25）。

图 2-1-24　大雄宝殿 罗睺罗尊者像

图 2-1-25　大雄宝殿 迦罗迦伐蹉尊者像

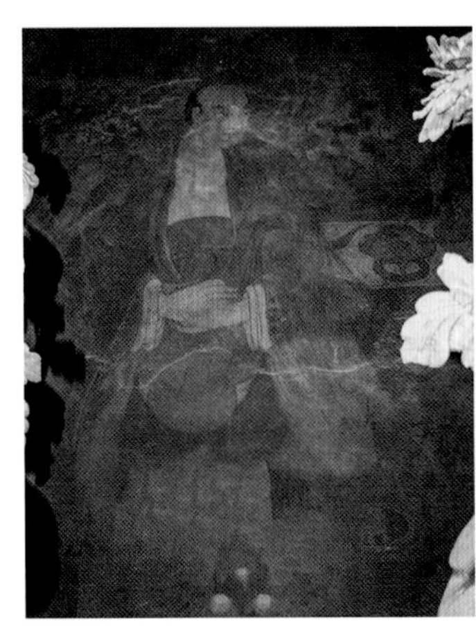
图 2-1-26 大雄宝殿 注荼半托迦尊者像

图 2-1-27 大雄宝殿 注荼半托迦尊者的侍者像

图 2-1-28 大雄宝殿 伐那婆斯尊者像

注荼半托迦尊者像恰在两个雕像之间，清晰可见。尊者面容慈祥，双目凝视前方，身着僧衣，双手置脐前结禅定印。尊者上方绘有若干黄帽高僧和神佛坐像，前方绘有一身材较小的红衣僧人正在戏狮玩耍，僧人表情开心，双手抱着一只小狮子，与大狮子面面相对，似在交流，俨然一派生活喜乐的场景（图 2-1-26、图 2-1-27）。

伐那婆斯尊者像头向上微仰，仿佛看向上方伐阇罗佛多尊者，右手举起结怖畏印，左手执拂尘，双跏趺坐势，僧鞋放在榻前（图 2-1-28）。

伐阇罗佛多尊者像正面朝向观者，右手伸出与头同高结期克印，左手当胸执拂尘。下前方绘有一胡人样貌的供奉者高举贡品，旁边绘有两只造型生动的仙鹤（图 2-1-29）。

迦里迦尊者像面带微笑，身披袈裟，坐于灯挂椅上，左腿横担在右膝上，双手分别执一耳环，目视左前方。尊者的僧鞋也整齐摆在前面，旁边绘有协侍僧人，但大半被前面的雕塑遮挡（图 2-1-30）。

壁画所绘阿氏多尊者像尤为特别，尊者身穿俗衣，头上有光环，双手结定慧

图 2-1-29 大雄宝殿 伐阇罗佛多尊者像

图 2-1-30　大雄宝殿 迦里迦尊者像

印，结跏趺坐于垫上，面色黝黑，浓眉圆目，鼻梁高挑，留有络腮胡，俨然一副印度人的样子，丝毫无汉僧面相，下方绘制的僧人侍者也是异域胡僧模样（图 2-1-31）。

阿氏多尊者像北面是因竭陀尊者像，尊者像也被前面雕塑遮挡，但是露出来的部分正是因竭陀尊者所持法器，故可判断其身份。尊者白眉下垂，样貌慈祥，右手持香瓶，左手持拂尘，坐于凳上。据西藏经文记载，因竭陀尊者手持法器是香瓶和佛扇，这幅尊者画像手持的是拂尘而不是佛扇，是受汉传佛教绘画的影响（图 2-1-32）。

东壁壁画被多年的灰尘覆盖更严重，几乎看不清壁画，且前面雕像几乎完全遮挡住壁画，只可从雕塑间隙中尽量识别。东壁由南至北分别为：那迦希尊者像、苏频陀尊者像、阿秘特尊者像、半托迦尊者像、迦诺迦跋黎堕阇尊者像、宾度罗跋罗堕尊者像、跋陀罗尊者像和巴沽拉尊者像。

图 2-1-31 大雄宝殿 阿氏多尊者像

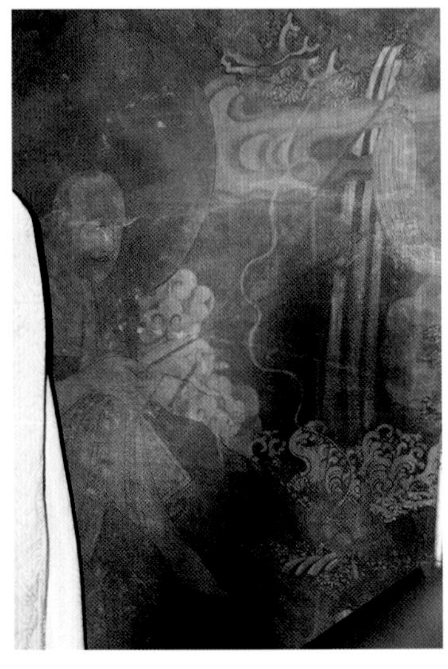

图 2-1-32 大雄宝殿 因竭陀尊者像

东壁最南边为那迦希尊者像，以半跏趺坐于垫上，右手捧净瓶，左手握禅杖（图 2-1-33）。

苏频陀尊者像一部分被前面的雕像遮挡，依然可见面善慈祥，正面朝向观者，着宽袖僧衣，右手当胸捧经书，左手作开阅经卷状，赤足跏趺于软墩上，僧鞋整齐摆放在面前。尊者右面绘有一体形较小的僧人，双手禅定印跏趺坐。右下方绘制的僧人呈供奉状（图 2-1-34）。

阿秘特尊者像面呈微笑，留着络腮胡须，穿宽大僧衣，朝向右前方，双手当胸捧着菩提佛塔（图 2-1-35）。

半托迦尊者像和蔼相慈，目视正前方，右臂袒露，右手当胸结礼供印，左

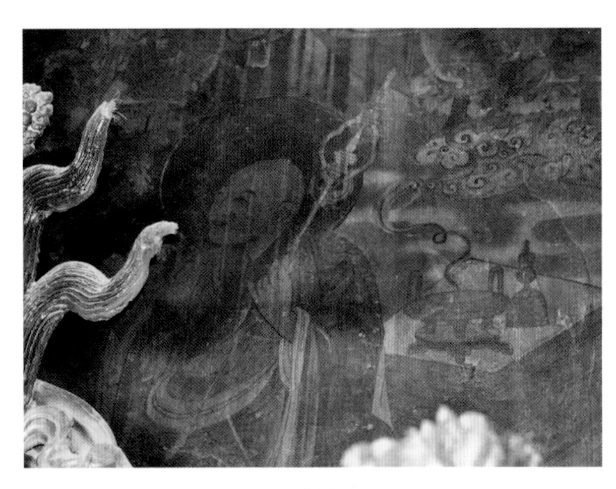

图 2-1-33 大雄宝殿 那迦希尊者像

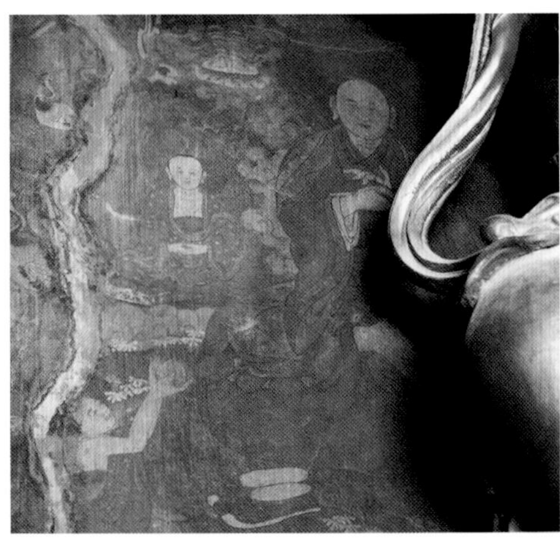

图 2-1-34 大雄宝殿 苏频陀尊者像

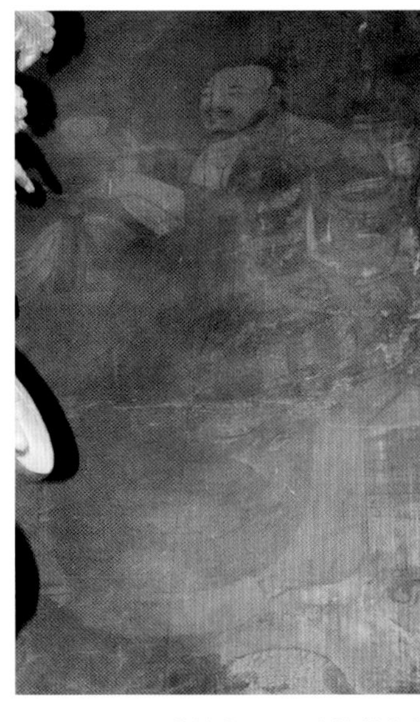

图 2-1-35　大雄宝殿 阿秘特尊者像

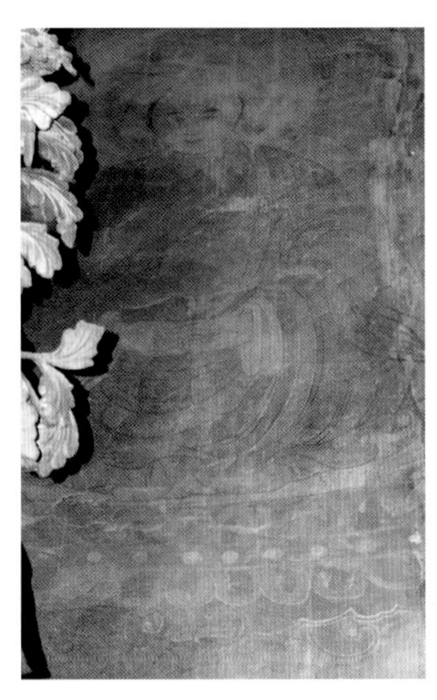

图 2-1-37　大雄宝殿 迦诺迦跋黎堕阇尊者像

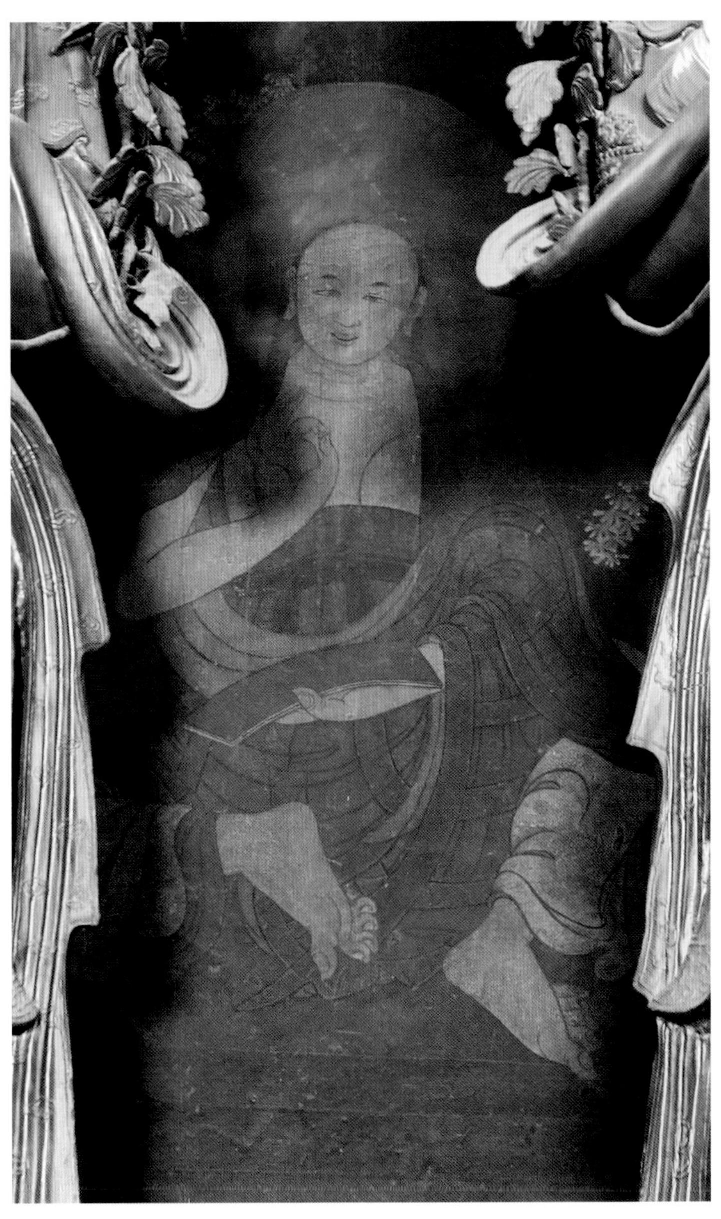

图 2-1-36　大雄宝殿 半托迦尊者像

手托着经典，双跏趺于坐垫墩中央（图 2-1-36）。

迦诺迦跋黎堕阇尊者像目视鼻尖，身着宽袖僧衣，双手置脐前结禅定印，跏趺于垫墩上（图 2-1-37）。

宾度罗跋罗堕尊者像面相和善，身着僧衣，左手脐前捧僧钵，右手托着经书典籍（图 2-1-38）。

跋陀罗尊者像右手当胸前结说法印，其余部分被雕塑遮挡无法辨识，但所见部分画工粗糙，面部表情呆板，不似其他罗汉像的生动表情，一定是后

图 2-1-38 大雄宝殿 宾度罗跋罗堕尊者像

图 2-1-39 大雄宝殿 跋陀罗尊者像

图 2-1-40 大雄宝殿 巴沽拉尊者像

期补绘所致（图 2-1-39）。

壁画所绘巴沽拉尊者像慈眉善目，呈微笑状，着僧衣，双手捧着一只深色吐宝鼠（图 2-1-40）。

佛殿南壁被门分为左右两堵，东侧绘制羯摩札拉尊者像，右手执拂尘，左手持宝瓶，背负经书架，头发高束，其发式与大多明清时期居士样貌一致，身后绘有一侍从，双手高举回头望向尊者。尊者像身旁右侧绘有一虎，据传说羯摩札拉在山上修行时，用法力从自己的右膝处生出一只猛虎，保护其免受其他野兽伤害，所以老虎都绘制在尊像右边或右膝处（图 2-1-41）。

与此铺壁画相对应的南壁西侧绘有布袋和尚像，右手持念珠，左手托蟠桃，周围有五个婴儿嬉戏形象，但是婴儿身体形象比例较为怪异，是婴儿头和成人身体的组合。明清时期十六罗汉加上羯摩札拉以及布袋和尚像是藏传佛教十八罗汉的定式，在明清时期藏传佛教寺院及石窟屡见不鲜，羯摩札拉居士样式也成为这一时期较为固定的表现形式，与布袋和尚呈对称式布局，本书所调研的内蒙古中部地区

图 2-1-41 大雄宝殿 羯摩札拉尊者像

各召庙壁画皆是此种配置。十八罗汉像体态不同，表情各异，充分体现了其不同的性格和身世故事，每位尊像之间的空处以及画面的上方绘制了一些佛像、度母、护法、黄帽高僧、红帽高僧等，画面构图较满，佛殿壁画背景中的云纹较多采用红色晕染，大召寺大雄宝殿壁画彰显着浓郁的异域特色（图 2-1-42）。

图 2-1-42　大雄宝殿 布袋和尚像

佛殿北壁绘有五智如来佛像，五智如来佛是密宗崇拜的五位佛，又称“五方佛”，北壁从西至东分别为：大日如来佛、不动佛、宝生佛、阿弥陀佛（无量光佛）、不空成就佛。

大日如来位于中央，身白色，双手当胸结合十印。东方不动佛身蓝色，右手结触地印，左手结禅定印。南方宝生佛身金黄色，右手结施愿印，左手结禅定印。西方阿弥陀佛身红色，双手结禅定印。北方不空成就佛身绿色，右手结无畏施印，左手结禅定印。五方佛均着红色袈裟，袒露右臂，结跏趺坐于莲台之上（图 2-1-43～图 2-1-47）。

五方佛像上部绘有多个菩萨、度母等画像，绘画风格与佛像一致。此处壁画描绘人物山石树木较为写实，尤其是壁画中几处树木的描绘，完全是明代山水绘画风格的体现。北壁的画像绘制在几尊大型雕像后面的狭窄长廊里，位置较为隐秘，需要上台阶走到雕像后面才能看到一部分。绘画风格与东、西、南三壁壁画上端的佛像、天女、高僧等造像、用笔风格一致，色彩均为平涂方式，轮廓勾勒用线均匀，粗细变化较少（图 2-1-48～图 2-1-50）。

二、乃春庙

大召寺乃春庙坐北朝南，建于明万历十四年（1586 年），是三世达赖喇嘛索南嘉措应俺答汗之子僧格杜棱汗的邀请来到呼和浩特主持法会时，为大召建的护法庙。明代古壁画集中于佛殿的北壁、西壁、东壁。乃春庙佛殿北壁壁画目前被帘子遮挡，游客无法直接看见。北壁绘有五尊像，且每位尊像身旁都绘制了数尊体形较小的形象，壁画中央的尊像又稍大于左右四尊像。此五尊像造像特征与勒内・德・内贝斯基・沃杰科维茨的著作《西藏的神灵和鬼怪》第七

图 2-1-43　大雄宝殿 大日如来佛像

图 2-1-44　大雄宝殿 不动佛像

图 2-1-45　大雄宝殿 宝生佛像

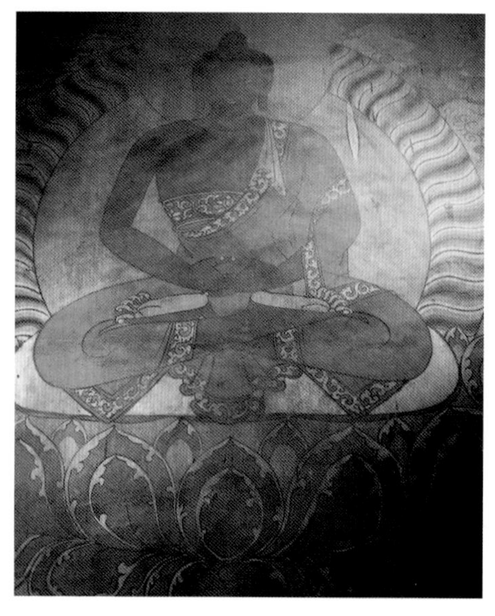
图 2-1-46　大雄宝殿 阿弥陀佛像

图 2-1-47　大雄宝殿 不空成就佛像

图 2-1-48　大雄宝殿 五方佛像（局部一）

图 2-1-49　大雄宝殿 五方佛像（局部二）

图 2-1-50　大雄宝殿 五方佛像（局部三）

章“白哈尔及其伴神”中对白哈尔神的图像描述完全一致，判定为白哈尔五身神。[①] 以白哈尔为首，称作“五身”的一组神像在格鲁派护法中地位很高。白哈尔五身神在《西藏的神灵和鬼怪》中描述坛城中的各个方位依次为：位于中央的意之王帝释、位于东方的身之王门普布查、位于南方的功德之王具木鸟形者、位于西方的语之王战神一男、位于北方的业之王白哈尔。大召寺乃春庙佛殿北壁壁画配置图中间大尊神像是白哈尔的伴神帝释，左一为门普布查、左二为战神一男，帝释像右一为具木鸟形者、右二是白哈尔。

北壁壁画中央的帝释像，身黑蓝色，三眼圆瞪呈忿怒相，一面二臂，右臂张开上举，手持利刃长刀，左手结期克印持套索，坐于长鼻白象背上，白象长臂前伸象牙冲天，帝释火焰眉自双眼内侧向外上挑，大口张开，下颌上有火焰须与眉须形成呼应，身着描绘有精美装饰纹样的长袍，头戴的帽子上也布满了金色装饰纹样。帝释像左下方的坐骑牵引人是门普布查，衣着样貌被绘制为明代武将装扮，面容用线与衣纹用线不符，应为后世补绘。整个乃春庙佛殿的壁画多处都为不同时期的补绘。帝释像前方为大夜叉，身红色着白袍，右手持红矛，左手捧骷髅碗。大夜叉是命主杨来白，他的出现也表明白哈尔五身像中帝

① 勒内・德・内贝斯基・沃杰科维茨. 西藏的神灵和鬼怪 [M]. 谢继胜，译. 拉萨：西藏人民出版社，1993：111-152.

图 2-1-51 乃春庙 帝释像

图 2-1-52 乃春庙 牵象人门普布查像

释被看作坛城的主神和统治神。帝释的明妃响帝若散玛身红色，穿丝制如裙长裤，手持铁钩和内盛心脏的头盖骨碗。其化身和使者呈凡人居士的外貌，身穿红色的丝外衣，右手作法印指向天空，左手持铜刀作攻击状。帝释的大臣是命主噶恰若瓦，穿褐色斗篷，挥舞战矛，骑白狮。但这几个伴神的形象几乎被紧贴墙壁的佛像遮挡，只能略窥局部（图 2-1-51、图 2-1-52）。

门普布查像位于北壁最西侧，为一面二臂蓝黑色忿怒相，头戴黑丝宽沿帽，右臂上举手持金刚杵，左臂手握锡杖，骑绿鬃白狮，着装样式与帝释一致。主尊下方最西边是其化身，年轻比丘模样，穿橙色法衣，右手上举持刀，左手持净瓶，背负长杖。旁边是他的大臣鸟座一眼，上身赤裸，下身着红裙，戴毒蛇盘成的头饰，右手前举挥舞金刚杵，骑良种黑背蓝色马，马呈跃起的姿态，绘制生动。旁边绘制的应是门普布查的明妃起尸魔女像，她一身白色，穿白色丝衣，手持誓愿木和颅碗，虽被雕塑遮挡，但依然可通过局部辨识身份。下方还绘制了呈舞蹈姿势、胡人样貌及正在斩杀魔物的武士形象等（图 2-1-53、图 2-1-54）。

北壁西侧第二位尊像绘制的是战神一男，红色身，一面二臂三目圆睁，头戴黄色大帽，右手上举持红色木棒，左手挥舞藤棒，坐骑白蹄黑骡，由门普布

图 2-1-53　乃春庙 门普布查像

图 2-1-54　乃春庙 门普布查的化身和大臣像

查的化身牵行坐骑。主神下方有一只似站立姿势的小狼伴行，传说它能派出铁鹰作自己的使者。使臣位于其下方一身黑蓝色，穿虎皮，挥舞骷髅棒。大臣位于使者之前，是金刚称护法，穿红色丝制的僧衣，呈年轻比丘的外貌，挥舞协薪长杖，骑一匹白额骆驼。战神一男的明妃是持美莲花女神，她手持誓愿木和头盖骨碗，但被前面雕塑遮挡，几乎无法看见（图 2-1-55）。

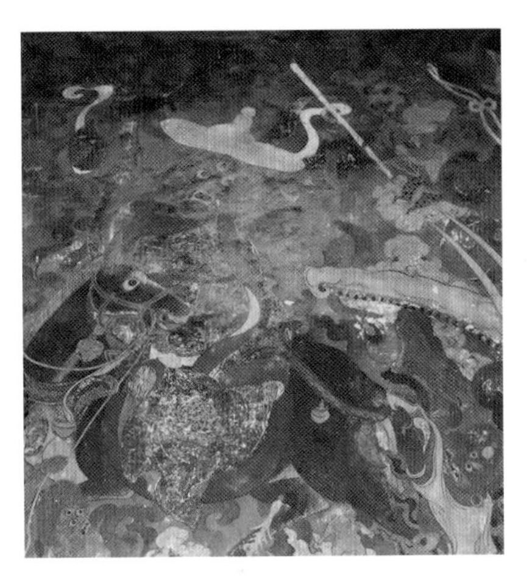

图 2-1-55　乃春庙 战神一男像

具木鸟形者像蓝色身，一面二臂，头戴藤枝鹰帽，右臂上举握战斧，左手持套索，着红衣，护腿为虎皮纹，跨坐在白蹄黑马上。主尊正下方是其标志性的绿松石色世界龙。龙的下前方是其使者灰色无尾猿。紧随之后的是具木鸟行者的化身，身浅蓝色披坎肩，引领者明妃色吉布止玛，明妃被壁画前的雕像挡住，无法见其全貌，根据局部显露的坐骑红斑驴子可以推断其身份。无尾猿前面是大臣黑尾鹰，挥舞金刚杵和战斧（图 2-1-56、图 2-1-57）。

白哈尔神像为白色身相，三面六臂，面孔为蓝、白、红三色，头戴中空的黄色藤帽，五束灰色发髻从藤帽中孔束起，上身赤裸，外披长甲，下着虎皮裙，中间左右手为拉弓射箭姿势，右上手挥舞铁钩，右下手持宝剑，左上手持利刃，左下手持杖，坐骑绿鬃雪狮呈回首状。白哈尔的雪狮坐骑由门普布查牵引，这个门普布查的身相被绘制为虬髯大汉，面白三目，身着红色长衫。门普布查像旁边白

图 2-1-56　乃春庙 具木鸟形者像

图 2-1-57　乃春庙 具木鸟形者像下方局部

哈尔的正下方是其大臣布查那保像，身穿坎肩，右手持钺刀，一面三目骑在黑骡上。大臣后面是其明妃魔曜明嘎姆，周身黑蓝色，右手持金刚橛，左手托颅碗（图2-1-58、图 2-1-59）。

五身神像旁边分别绘制了多位身形较小、姿态各异的形象，有伴神、高僧、胡人、鬼怪等形象，动势较之主尊像则更加具有自由感，几乎不存在主要尊像的程式化姿态，每个形象姿态灵活多变，呈不同

图 2-1-58　乃春庙 白哈尔像

图 2-1-59　乃春庙 白哈尔的明妃和大臣像

图 2-1-60　乃春庙 胡人像

图 2-1-61　乃春庙 西壁局部

方向的似舞蹈动作、双手捧供奉物姿态等，几乎没有重复。紧贴白哈尔像左手边的东壁和门普布查右手边的西壁，自上而下绘制了密密麻麻的人群，符合文献中记载的白哈尔四方外围有一百名举锡杖的红衣比丘，一百名黑帽巫师，一百名持剑、盾身穿虎皮甲的勇士及一百个女人（图 2-1-60、图 2-1-61）。

西壁绘制的主尊为白梵天像，白色身相，头戴嵌满宝珠的双层五叶冠，一面二手三目，右手高举长剑，左手托盛满宝珠的宝盆，左臂肘间置缚有旗帜的长矛，胯下白马呈疾驰状，马尾和马鬃飘逸掠过，身着长袍装饰有金色波带状装饰纹样，脚蹬厚底靴。白梵天呈平和面相，据古代典籍载能用他的第三只眼洞察三界，细眉上挑，善目有神，细长的八字须下嘴角上翘，器宇轩昂，发髻上戴有白海螺，由于其独具特征的发型，梵天经常被称作“具海螺髻白梵天”，其头顶的白海螺成为标志性特征。在《西藏的神灵和鬼怪》中按照所引文献的不同列举了多种白梵天造像，尊像除具有独特的发型外，其重要的法器有水晶剑、长矛、珍宝碗。[1]白梵天有梵天善相身形和梵天怒相身形两种，依据乃春庙佛殿西壁上所绘主尊面相特征分析，此处应为善相白梵天。据记载，白哈尔作为命主时称白梵天王，莲花生称白哈尔为自在智慧护法，也称为具螺髻梵天，具海螺髻白梵天与白哈尔关系密切，甚至就是白哈尔本身，这应该也是在乃春庙西壁绘制白梵天的原因（图 2-1-62）。

乃春庙壁画中所描绘的白梵天的伴神以及怒相神均与《西藏的神灵和鬼怪》中所提及的造像特征相吻合。乃春庙西壁白梵天像上方的尊像为宗喀巴师徒三尊像。白梵天像正上方为宗喀巴，头戴黄色通人冠，身着浅红色袈裟，双手当胸作说法印左经右剑，结跏趺坐。宗喀巴像左右两边绘有其弟子贾曹杰和克珠杰，其中贾曹杰像清晰，克珠杰像大部分被遮挡。白梵天右手侧边应该是其两个伴神（图 2-1-63、图 2-1-64）。

壁画主尊像左下方的武士形象是白梵天的怒相神李庆哈拉神，壁画中描绘的是李庆哈拉神的第三个身形李庆哈拉嘎保，也叫杰保哈佐，身穿战袍，骑白马，右手上举持水晶长剑，左手握长矛（图 2-1-65）。

位于下方中间的为僧人形象，绘画风格与整铺壁画有所差异，僧人面部形象绘制不如主尊像自然，面宽高颧骨具有蒙古族成年男子的样貌特征，用线不流畅，结构交代不清，设色简单，整体看来要晚于壁画的原创年代，应为清中晚期时殿内喇嘛补绘。主尊像右下方的伴神由于被佛殿雕刻遮挡不能呈现全貌，但可见尊像周身置于红色火焰纹背光中，骑棕色马，右手上举持红色骷髅杖，左手持长矛，根据其部分显现出的图像特征，尊像应是犀甲护法。犀甲护法的侍者是出家的僧侣，与中间补绘的尊像契合，也可印证其身份。主尊白梵天像下方犀甲护法的前方绘有一白色狗，呈奔跑状。白狗张口，犬齿与红舌外露，短尾上卷，左后腿上插一把长剑，是否有特殊意义，目前未从文献上查到。犀甲护法的若干化身中分别有蛇、猴子、猫、小矮人等为他的使者，推测白狗也是某一化身的使者（图 2-1-66）。

---

① 勒内・德・内贝斯基・沃杰科维茨. 西藏的神灵和鬼怪 [M]. 谢继胜，译. 拉萨：西藏人民出版社，1993：165-173.

图 2-1-62　乃春庙 白梵天像

图 2-1-63 乃春庙 宗喀巴像

图 2-1-64 乃春庙 贾曹杰像

图 2-1-65 乃春庙 李庆哈拉神像

图 2-1-66 乃春庙 白狗像

据藏语经文记载，白哈尔派出了三百六十个化身。除了通常提到的伴神之外，还有内臣和外臣，明妃、四部先行和一百个手缠血淋淋肠子的门域女人等。还有关于白哈尔的记载如：位于右边的是一百个贵族男子，穿虎皮外衣，左边的是一百名僧人，身穿与教派观念相一致的僧衣，前方有一百名身着新娘服饰的妇女，后方是一百名身着法衣的巫师。这也解释了西壁北侧绘制的内容。

乃春庙佛殿东壁壁画主尊像为具誓铁匠金刚，是巨誓善金刚的化身，头戴五骷髅冠，身黑蓝色，一面三目，呈忿怒相，双臂张开，红袍蓝甲，脚蹬高靴，右手持冒火锤，左手握吹火皮囊，坐于褐色公山羊背上。只是画像头戴的并非书中所称黑蓝色的帽子，而是代之以骷髅冠，其右手所持的铜冒火锤和左手所握的吹火皮囊是与铁匠职业相关的法器，故俗称为“铁匠神”或“具誓铁匠金刚”，被西藏当地的铁匠奉为保护神。具誓铁匠金刚的造像标志在于其独特的坐骑双角交叉的褐色公山羊，骑羊护法应该都是巨誓善金刚，具誓铁匠金刚是善金刚的主要化身，也被称为噶瓦那宝黑铁匠。据文献记载，白哈尔像右边是善金刚和他的三百六十个兄弟，大召乃春庙壁画的绘制应是符合经典仪轨的，应与同类寺庙的壁画内容相吻合，采用了类似粉本进行绘制（图 2-1-67）。

东壁壁画主尊像正上方为罗睺星像，藏名音译为“喇呼拉”，原是苯教的曜星神，身黑褐色，黄发上冲，九头各三目、人身蛇尾呈站姿，身上长满了眼睛，腹部有一三眼兽面格外显眼，有四肢手臂，右上手持胜利幢，中间两手右手当胸拉弓持剑，左手握弓，左下手握着一条盘蛇状的套索，置身于红色火焰背光，脖子上挂着蛇项链。据神话传说他的九张嘴里可以吞吐毒气，所以经常在出没的云气中绘制他，此尊护法宁玛派壁画中出现较多（图 2-1-68）。

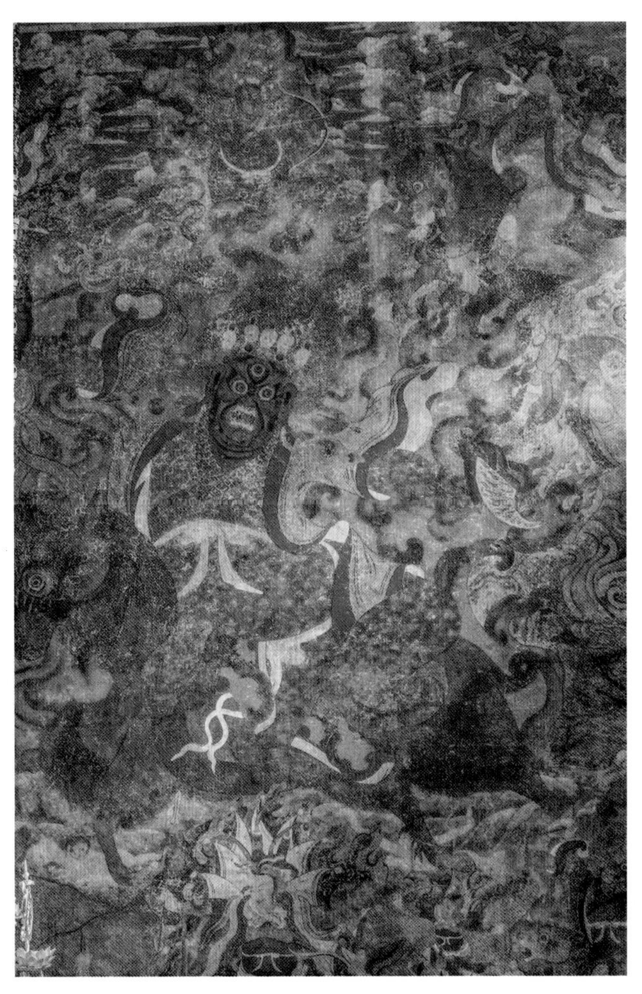

图 2-1-67　乃春庙 具誓铁匠金刚像

图 2-1-68 乃春庙 罗睺星像

图 2-1-69 乃春庙 伴神像

主尊像左上方的护法神像，骑棕色马，红面三目忿怒相，正面朝向观者，头戴橘色圆顶大帽，帽下露出黄色发，身穿橘色长袍蓝色长甲，右臂上举张开手持长剑，左手手握套索，棕黑相间的火焰纹背光。主尊像右上方伴神与左上方伴神形象相似，左臂弯曲上举手中持宝剑，骑黑色马，周身环绕棕黑火焰纹背光（图 2-1-69）。

具誓铁匠金刚像正下方为一武士形象，一面二目，头戴华丽高冠，冠出三翎，身后插有七面三角形旗，白色旗面上各有一只眼睛，双手双腿装饰青色黑斑兽皮，上身红色片状铠甲，大腿着鳞状铠甲，右臂张开手持长矛，左手持长弯弓，脚蹬高靴，棕黑相间的火焰纹背光。在唐卡中，乃琼护法也经常被描绘为上述形象（图 2-1-70）。

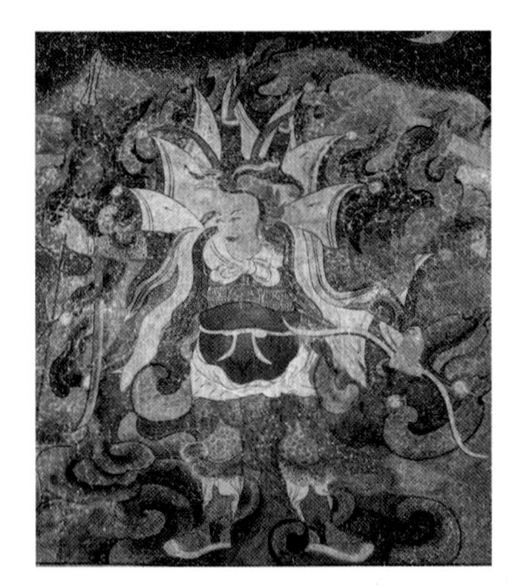

图 2-1-70 乃春庙 乃琼护法像

武士像左手侧边有一身形较小的士兵，穿着与武士相似，背后插五面白色三角旗且各有一只眼睛，右手上举持刀，左手持矛，右腿弯曲呈向上跨越姿势（图2-1-71）。

右下方的青色兽面人为狼头骷髅鬼卒像，坐骑为一头青色的狼，双耳直立，黄发上冲，身着红色长袍，袍面上有金色团花纹样，腰扎黄带，外披青色长甲，脚蹬高靴，右臂张开右手持一长柄金刚钺刀，左臂张开左手结期克印，周身置于火焰纹背光当中（图 2-1-72）。

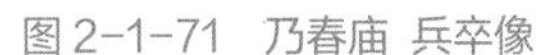

图 2-1-71　乃春庙 兵卒像

图 2-1-72　乃春庙 狼头骷髅鬼卒像

左下方也为护法像，与上方左右两伴神形象相似，白面三目忿怒相，正面朝向观者，头戴红色圆顶大帽，帽下露出黄色发，身穿红色长袍蓝色长甲，左臂弯曲上举手中持宝剑，骑白色马，周身环绕红色火焰纹背光。

具誓铁匠金刚像左手侧边类似空行母形象，身青灰色，身体扭曲上半身呈现正面，下身呈现背面，全身裸露，只披一红色长袍，一面三目，血口大张，黄色焰发，双手上举，手心朝外，周身置于青色火焰纹背光中。主尊右前方伴神呈回头奔跑状，二目圆睁，大嘴张开，上身隐约可见着珠宝璎珞，下身围红色短裙，同样置身于青黑色火焰纹中（图 2-1-73）。

据说具誓铁匠金刚伴神众多，且形貌截然不同，文献记载，主尊伴神有四类骷髅鬼卒，三百六十位家臣和众多鬼神八部等，在此壁画上可见一斑。① 乃春庙佛殿壁画中的伴神虽细节描绘不及主尊精致，但由于伴神体量较小，其动势姿态较主尊更加灵活多变，造像多样。

图 2-1-73　乃春庙 伴神像

大召几个殿堂里壁画中描绘的尊像衣着纹样质地类似明清时代珍贵的丝织品服

① 阿罗・仁青杰博，马吉祥. 藏传佛教圣像解说 [M]. 西宁：青海民族出版社，2013：353.

饰，其中最具代表性的就是大召乃春庙壁画中的尊像服饰。西壁白梵天神身着红色长袍，袍面上装饰有金色卷涡状纹样，东壁上的主神具誓铁匠金刚同样身着红色长袍，袍面上是金色散点状小卷涡纹装饰。除主尊外，壁画中所绘伴神等也身着丝绸制品。高等级丝织品在大召壁画中出现，体现出明清时期中原汉地与内蒙古地区有着密切的往来，同时中原汉地的文化因素影响了内蒙古地区的壁画艺术。

乃春庙北壁所绘内容基本上依照了西藏地区绘画对于白哈尔五身像的描述，壁画色彩与西藏本地所绘壁画有所差别，以红、白、蓝、黄为主体颜色。根据壁画的具体表现方式可以看出，当时的内蒙古地区与清朝政府以及西藏地区往来密切，但是艺术表现等方面体现出蒙古民族的特点，例如在用色上有别于西藏的处理。在内蒙古地区的重要寺院中单独建造乃春庙，并将壁画绘制得如此精美，更加说明了继俺答汗与索南嘉措的往来之后，清朝政府对格鲁派的崇信，使内蒙古地区也受到了影响。明朝后期大召寺就是当时内蒙古较大的寺院，清朝对其又进行了多次重修和扩建，可见对其重视的程度。

大召乃春庙和大雄宝殿的壁画总体保护良好，绘制得精彩细腻，艺术价值较高。这两座庙宇殿堂都建于明代，之间相隔七年，目前未见记载有画工资料的文献，据当时的实际情况和壁画中多处呈现的异域样貌造像，可推测应是从尼泊尔请来的画工所绘。大召经历了明清两代的建造，除壁画外召庙及各博物馆还存留有明清时代的唐卡、雕刻等艺术品，这都是珍贵的历史文物，对于研究明清时期内蒙古地区的艺术作品具有重要价值。

第二节　席力图召壁画

席力图召坐落于今呼和浩特市旧城玉泉区石头巷北端，西侧与大召寺隔街相对，为呼和浩特七大召之一。“席力图”也译为“舍力图”“西埒图”等。该寺为土默特俺答汗之子僧格杜陵汗所建，是内蒙古地区最早建立的格鲁派寺庙之一。该寺于明代初建时仅为一座小庙即今古佛殿，后历经康熙、雍正、咸丰、光绪等年间的数次大规模扩建后成为内蒙古地区规模最大、保存最完整的召庙建筑珍品之一，被誉为“召城瑰宝”。寺庙管辖的巧尔齐召（延禧寺）

1819 年脱离席力图召管辖，独立成寺，成为呼和浩特八小召之一、东乌素图召（广寿寺）、查干哈达召（永安寺）、希拉木仁庙（普会寺）4 座属庙。寺内珍藏康熙亲征噶尔丹的汉白玉纪功碑等历史文物。

明万历十三年（1585 年），土默特俺答汗之子僧格杜陵汗，在索南嘉措来呼和浩特时修建一座小庙（今古佛殿）。后由第一世席力图活佛扩建。明万历十六年（1588 年），索南嘉措在蒙古地区圆寂后，希迪图噶卜楚暂坐法座，次年追寻到灵童云丹嘉措继坐法座。明万历三十年（1602 年），希迪图噶卜楚护送四世达赖云丹嘉措入藏，被赐予“班智达・席力图・固什・淖尔济”之号，并回蒙古地区继续弘扬佛教，希迪图噶卜楚即席力图一世。明崇祯十七年（1644 年），清世祖顺治在盛京（今沈阳）举行登基大典，席力图二世亲往祝贺①，而席力图召与盛京的清政府早已在清入关前建立了密切的联系。席力图召从清初起陆续扩大殿宇，至康熙二十七年（1688 年），据清代人钱良择《出塞纪略》记载，当时的席力图召“已是‘金碧夺目’，‘广厦七楹’，成了一座七七四十九间的召庙了”。康熙三十三年（1694 年），席力图四世活佛主持的达两年之久的扩建工程完成。康熙三十五年（1696 年）十月，康熙帝西征凯旋途经呼和浩特，为正扩建的席力图召赐名“延寿寺”②，并在席力图召正殿前两侧立御制满、汉、蒙古、藏四体文字的平定噶尔丹纪功碑两道，保存至今。清咸丰年间（1851～1861 年），席力图九世在经堂前东侧主持修建一座用汉白玉雕刻垒砌而成的覆钵式白塔。③ 咸丰九年（1859 年），席力图九世将殿基增高数尺。清光绪十三年（1887 年）席力图召发生火灾，庙仓及葛根住所全部被烧毁。清光绪十七年（1891 年），为使席力图召扩大规模继续发展，则再次重修，自这次整修一直发展至如今的规模（图 2-2-1）。

席力图召的建筑风格为汉藏结合式。据《内蒙古藏传佛教建筑》记录，其寺庙有 3 间天王殿，5 间菩提过殿，81 间大雄宝殿、大佛殿，18 间二层九间楼，5 座主殿及牌楼、钟楼、鼓楼、东西廊房、东西碑亭等殿宇楼阁，大院西侧有前殿、美岱庙、古佛殿、护法殿、席力图呼图克图拉布隆等建筑，东侧有白塔，其北部为僧舍、乃琼庙遗址。席力图召内建筑群为内地传统布局特点，即以从牌楼到大殿形成的一条南北轴线为中轴、东西对称的布局形式。中轴线

① 隗芾，谢惠鹏．中华名胜掌故大典 [M]．天津：天津古籍出版社，1997：280.

② 王仲奋．中国名寺志典 [M]．北京：中国旅游出版社，1991：210.

③ 内蒙古地方志编纂委员会总编室．内蒙古史志资料选编：第 6 辑 [M]．[出版地不详][出版者不详]，1985：73.

图 2-2-1　席力图召 古佛殿

自南向北由一座华丽的过街牌楼为起点，穿过牌楼是山门，山门内设四大天王殿。山门的东西两侧分别建有钟楼、鼓楼。进入山门后为前院，正对面是写有“阴山古刹”字样的菩提过殿，殿前竖有三丈多高的旗杆一对，院两侧为东西厢房。殿左右两侧设垂花门，穿门而过是经堂大院，院中竖有两座康熙帝御制的碑亭，正面为大雄宝殿，院两侧为东西配殿。院的东侧为两处跨院：南侧为“塔院”，内有汉白玉双耳佛塔建筑一座；北侧为乃琼庙，今已废弃，改作他用。院的西侧为美岱庙、古佛殿、护法殿等建筑。跨过经堂的后院，有“九间楼”一座，于民国年间因失火而焚毁，现存为 2007 年重建。在席力图召的众多建筑中，大雄宝殿规模最大，外观造型最精致，是一座瑰丽端庄的汉藏结合式建筑，内部还珍藏有藏文版《甘珠尔》和《丹珠尔》经卷（图 2-2-2、图 2-2-3）。

席力图召有显宗学部、密宗学部两大学部，密宗学部设在本召内，而显宗学部设于其属庙查干哈达召。席力图召由初建时的小庙，经几世席力图呼图克图的扩建与修建，形成了宏大的规模，虽经多次火灾和其他形式的损毁，但自 1981 年开始进行修缮，召内的大部分原有建筑都已经过重新修葺，现中轴线上的系列建筑及白塔保存较好，是呼和浩特保留较完整的寺庙之一。现古代壁画遗存主要位于古佛殿的佛殿内部。

图 2-2-2　席力图召 古佛殿经堂

图 2-2-3　席力图召 古佛殿殿内

古佛殿

席力图召古佛殿的壁画绘制时间应于明代，佛殿内墙壁下半部分的壁画比较清楚，上半部分大多尊像积灰严重，已经难以看清样貌。古佛殿东、西两壁布满壁画，北壁前面放置有塑像，将墙壁几乎全部遮挡，塑像边缘可见古壁画局部（图 2-2-4）。

图 2-2-4　席力图召 古佛殿北壁

东、西两壁的绘画题材为十八罗汉和四大天王，主要形象仍旧是十六罗汉加上布袋和尚及羯摩札拉尊者组成的十八尊像。每壁各绘两尊立姿天王及九尊罗汉，壁画构图自由疏朗，没有做硬性的框架分割。东、西两壁壁画尊像配置完全对应，每壁绘有两尊天王像，均位于壁画墙面南部下角，天王为立像。每壁九尊罗汉分为上下两排，上排五尊，下排四尊。尊像间距离较大，背景及周边侍者描绘精彩细致，山水间、云气上穿插出现多位黄帽高僧、红帽高僧像。十八位尊者除羯摩札拉尊者外，均为坐像。尊像间绘有大面积青绿山水，山石造型多样，树木品类繁多，多有流水穿插其间，飞禽走兽等表现得较为写实。壁画中无论人物还是景物都描绘细致，设色晕染卓见功力，用线细腻精匀。古佛殿壁画上虽覆盖着厚厚的灰尘，但仍旧可以看出其色彩鲜艳而凝重，部分图像采用沥粉堆金装饰，壁画艺术风格华丽细腻，体现了明显的汉地画风（图 2-2-5、图 2-2-6）。

图 2-2-5　席力图召 古佛殿东壁

图 2-2-6　席力图召 古佛殿西壁

图 2-2-7　西壁壁画局部

西壁所绘罗汉画像由北向南依次排列为：上排因竭陀尊者，下排阿氏多尊者，第二列上为伐那婆斯尊者，下为迦里迦尊者，第三列上为伐阇罗佛多尊者，下为跋陀罗尊者，第四列稍不对齐，上为迦罗迦伐蹉尊者，下为迦诺迦跋黎堕阇尊者，第五列上排为布袋和尚，布袋和尚正下方绘有南方增长天王和东方持国天王。西壁的绘画顺序与罗汉在佛教中的地位顺序完全相符（图 2-2-7）。

东壁所绘罗汉画像由北向南依次排列为：上排巴沽拉尊者，下排罗睺罗尊者，第二列上排为注茶半托迦尊者，下排为宾度罗跋罗堕尊者，第三列上排为半托迦尊者，下排为那迦希尊者，第四列上排为苏频陀尊者，下排为阿秘特尊者，最南边上排为羯摩札拉尊者，尊者正下方绘有西方广目天王和北方多闻天王。东壁的绘画顺序与罗汉的地位顺序亦完全相符，且与西壁相对应（图 2-2-8）。

壁画上排绘制的尊者画像普遍积灰很多，部分损毁，大多看不清细节，下排的尊者基本清晰可辨。十八罗汉画像面容为中原汉地人物描绘风格，有的僧人年轻，有的稍微年老，多数尊像都体现出温文尔雅的状态。壁画中十八罗汉的侍从或近前人物有汉地风貌人物造像，也多有胡人面像，甚至着装、发饰、头戴多有异域风貌。

西壁最北面上排绘制着因竭陀尊者像，壁画上落灰掉色现象较严重，但仍可见尊者面相慈善，手持香瓶与拂尘，一腿蜷坐在椅子上，另一腿踩在一硬面束腰三弯腿脚踏上，下方侍者身着红衣，面容不清，似有异域风格，身边绘有

图 2-2-8　东壁壁画局部

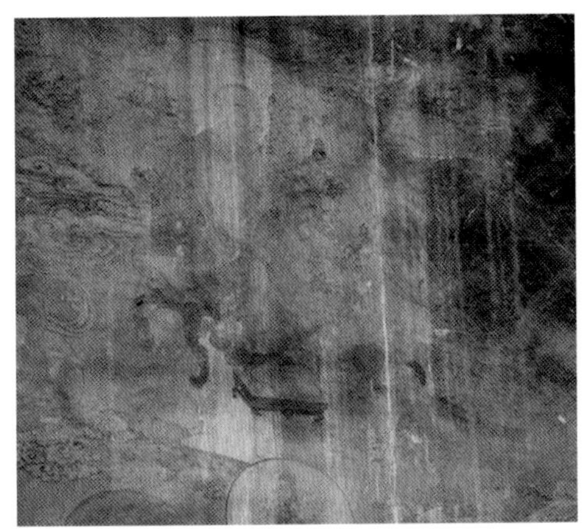
图 2-2-9　因竭陀尊者像

图 2-2-10　阿氏多尊者像

黄帽高僧像（图 2-2-9）。

阿氏多尊者像面相平静，覆头巾，身披僧袍，双手结定慧印坐于白色兽皮上。左手边侍童身着白衣，典型的中原服饰及发型，二人五官毫无异域特征，与大召大雄宝殿绘制的阿氏多尊者形象截然不同（图 2-2-10）。

伐那婆斯尊者像面露微笑，右臂袒露，着宽袖僧衣，右手结期克印，左手拿拂尘，双跏趺坐于束腰鼓腿彭牙座椅上，尊者对面的人物头戴的帽饰似异域风

图 2-2-11　伐那婆斯尊者像

图 2-2-12　迦里迦尊者像

格，留有络腮卷曲胡子，着红袍披黄色披风，手持供物辨识不清（图 2-2-11）。

西壁迦里迦尊者像面容损毁，双手分别执一耳环，双跏趺坐于树墩的棕色兽皮之上，右手边人物，身着白袍，留络腮胡，身边有一白色小象，形象如同印度僧人。尊者像头部左右两侧分别绘有黄帽高僧（图 2-2-12）。

伐阇罗佛多尊者像右臂袒露，着宽袖僧衣，右手结期克印，左手拿拂尘，面带微笑，坐于椅子上（图 2-2-13）。

下方的跋陀罗尊者像右手当胸结说法印，左手脐前结禅定印，结跏趺坐。尊者左手边的侍者扭头望向后方，服饰、发型则是典型的中原汉地造像（图 2-2-14）。

迦罗迦伐蹉尊者像双手持珠宝瓔珞串，双跏趺坐于石墩中央。尊者右手前方跪着一侍从，发型卷曲，鼻梁高挺，胡人面相，头大身小，比例失常（图 2-2-15）。

迦诺迦跋黎堕阇尊者像身着宽袖僧衣，双手结禅定印，结跏趺坐于靠椅上，尊者身后的人物也有较为明显的胡人面相，头发落肩卷曲，留络腮胡，着异域风格黄色僧袍（图 2-2-16）。

图 2-2-13　伐阇罗佛多尊者像

绘制于西壁天王上方的布袋和尚像面露微笑，袒胸露怀，耳朵戴一副金色大耳环，身着红色僧衣，赤足坐于橙红色兽

图 2-2-14　跋陀罗尊者像

图 2-2-15　迦罗迦伐蹉尊者像

图 2-2-16　迦诺迦跋黎堕阇尊者像

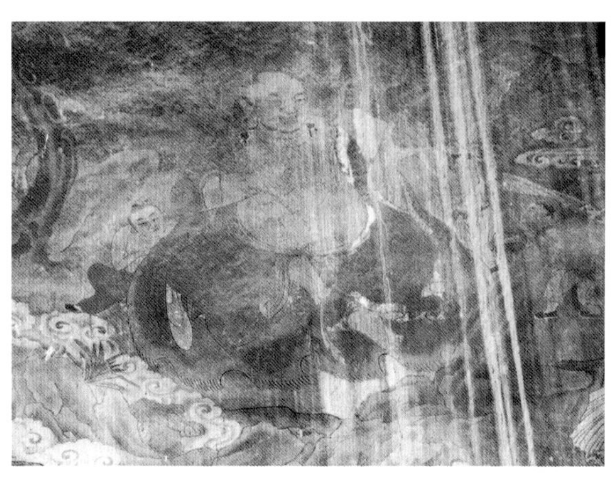

图 2-2-17　布袋和尚像

图 2-2-18　巴沽拉尊者像

皮上，右手当胸持念珠，左手外伸托物不清。其右侧身后婴儿和面前儿童的形象，发型衣着均为中原风格，身体比例和面部特征都体现出成年人的特征（图 2-2-17）。

东壁巴沽拉尊者像整体积灰太厚，面部损毁辨识不清，通过双手的位置推测其动作为手捧吐宝鼠，尊者面前似有一侍者双手举宝盆接吐出的宝物（图 2-2-18）。

图 2-2-19　罗睺罗尊者像

罗睺罗尊者像面容沉静，正视前方，着僧衣僧袍，双手捧宝冠，双跏趺坐于石墩上，近前跪拜的人物带有较为明显的印度人面像，留络腮胡须，头饰、衣着也似印度风格。尊者像右手上方绘制的是黄帽高僧，左肩上方绘制了一位赤裸上身的印度瑜伽师（图 2-2-19）。

注茶半托迦尊者像双手结禅定印，着僧袍，结跏趺坐于石墩上，面向身右侧的侍从，侍从面容辨识不清，衣着似中原汉地风貌（图 2-2-20）。

宾度罗跋罗堕尊者像身着僧衣，左手脐前托僧钵，右手当胸捧经书。身旁的人物也蓄络腮胡须，戴耳环和异域头饰，身着似印度僧装，应为对域外僧人的描绘（图 2-2-21）。

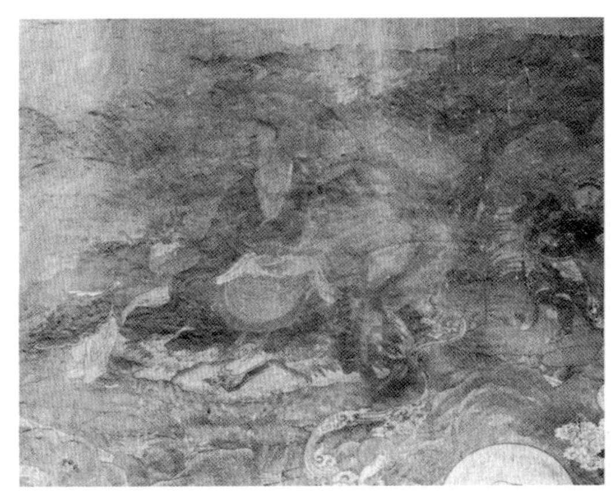

图 2-2-20　注茶半托迦尊者像

图 2-2-21　宾度罗跋罗堕尊者像

图 2-2-22　半托迦尊者像

半托迦尊者像手持经书，单腿盘坐在石墩上，身右侧的侍从可以辨别出着中原汉地衣服（图 2-2-22）。

那迦希尊者像目视右前方，右臂袒露执净瓶，左手握禅杖。尊者前方的侍者人物着中原汉地服饰，动作手舞足蹈（图 2-2-23、图 2-2-24）。

苏频陀尊者像左手当胸捧经书，右手做开阅经书状，赤足结跏趺坐于石墩上（图 2-2-25）。

阿秘特尊者像双手捧菩提佛塔，与侍者相对而视，近前侍者的发型和服饰则为异域装扮，四肢戴金环，双手捧花，赤脚向前（图 2-2-26）。

图 2-2-23　那迦希尊者像

图 2-2-24　那迦希尊者的侍者像

图 2-2-25　苏频陀尊者像

图 2-2-26　阿秘特尊者像

羯摩札拉尊者像位于东壁天王的上方，与西壁布袋和尚像位置对应。羯摩札拉尊者绘制成一名年轻的行脚僧模样，身穿深灰色汉地和尚装，呈侧面行进状，面朝向北，面部表情平和，右手持拂尘，左手当胸托一壶，背负经箧，右膝边有一回首状的老虎形象，尊者像对面的侍从样貌服饰皆是中原汉地风格。十六尊者是来源于印度的题材，再加上布袋和尚和羯摩札拉尊者形成具有标志性的十八罗汉形象。在席力图召古佛殿将来源于异域的题材表现为具有典型中原汉地风貌的人物，但是在着装上又体现出藏地和中原汉地风貌两种元素的融合。尊者近前的侍者姿态、形象各异，有立像、跪像，有些人物似身材矮小、头部描绘过大，身体比例怪异，有的动作活泼，动势较大，有的背向尊者，形象独立（图 2-2-27）。

古佛殿东、西两壁最南端下半部分各绘制两位站姿天王像。西壁绘的是东方持国天王像和南方增长天王像。其中持国天王头戴宝冠，颜色鲜艳且以金描绘，领口为圆形花瓣式蓝、绿、红三色穿插，胸前铠甲纹路清晰细腻，护胸以双层卷云纹装饰，但内外两层卷云方向相反，腰间围绘有西番莲的腰围，同为蓝、绿、红三色穿插，手中所持琵琶尽显中原汉地特色，小腿上缠有

图 2-2-27　羯摩札拉尊者像

图 2-2-28 增长天王 持国天王像

彩色云纹装饰的织物华丽精致。天王像服饰的描绘几乎全部覆盖以装饰纹样，沥粉堆金的表现增强了华美的艺术效果，天王面部、手部、衣纹、背景云纹的线条与晕染都表现得极尽精致之能事，面部样貌体现出强烈的中原汉地人物特征，基本无蒙古族或藏族等少数民族的面部特征。南方增长天王身青蓝色，瞋目怒视，右手持宝剑，全身着甲胄，与持国天王的服饰一样精美细腻（图 2-2-28）。

东壁最南端绘制的是北方多闻天王像，面部、手部、衣纹、背景云纹的线条与晕染亦极其精致，面部样貌和对面壁上东方持国天王像一样体现着强烈的中原汉地人物特征。天王头戴宝冠，金线描绘颜色鲜艳，领口有一较小兽首，胸前铠甲纹路精细清晰，腹前兽首口含腰间带钩，兽首描绘生动，腰间围绘有云纹图案，蓝绿红三色穿插，小腿上缠有彩色云纹装饰的织物，华丽精致。旁边的西方广目天王怒目圆睁，手持蟠龙、宝塔，于怒目之间带慈祥气息。两位天王面部都体现出一种儒雅的气质。同西壁所绘天王像一致，其腰围上都绘有西番莲花纹，服饰描绘细腻精致，极尽华丽，身上的甲胄也带有典型的汉地特

图 2-2-29　广目天王像 多闻天王像

图 2-2-30　瀑布

征，是典型的古代中原汉地的甲胄装扮，而不是藏族和蒙古族的传统甲胄或其他装扮。东方持国天王像绘制在西壁，而西方广目天王像绘在东壁，这一点和汉传寺庙四大天王的位置正好相反，这是由于藏传寺庙以右面为尊，殿内主尊佛像的右面就是西面墙壁，所以东方天王要绘在西壁（图 2-2-29）。

两壁壁画背景以精致细腻的青绿山水描绘，只见山石间夹杂绿树、绿叶，还有多处表现瀑布山水，瀑布从山涧流出，水花翻滚，呈对称状。瀑布转折描绘得较为死板，水流灵动感不强（图 2-2-30）。

地面山石绘制得较为精彩，形状多样，用笔讲究。树木和绿植品种繁多，画面表现并不单一。壁画中动物的描绘写实、精彩。例如，东壁多闻天王像脚下绘制的一只小老虎，卷曲俯卧在地上，虎头望向虎尾，伺机而动（图 2-2-31）。

西壁持国天王像左脚边绘制了一只绿鬃小白狮，似在张嘴觅食（图 2-2-32）。西壁迦诺迦跋黎堕阇尊者像左侧身后描绘了极为生动的两头牛，二牛立于两棵树后，画面左侧的牛身为棕色，右侧牛身为深黄色，二牛姿态各有不同，棕色牛似在昂首鸣叫，黄色牛作回首状，二牛比例、身形绘制准确精彩（图 2-2-33）。

东壁北侧罗睺罗尊者像右手边绘制了一正在前行的白色小象，双目注视着前方的水面，比例略有失调，形象憨态可掬（图 2-2-34）。东壁中间部分有一处绘有一前一后两只水鸟，二者在水中均作回首状，后者展翅，似欲振翅高飞，二鸟的描绘为原本平静的水面带来生机（图 2-2-35）。壁画中的动物描绘不但较为写

图 2-2-31　老虎

图 2-2-32　白狮

图 2-2-33　牛

图 2-2-34　白象

实，而且形神兼备，画面生动、精彩纷呈。

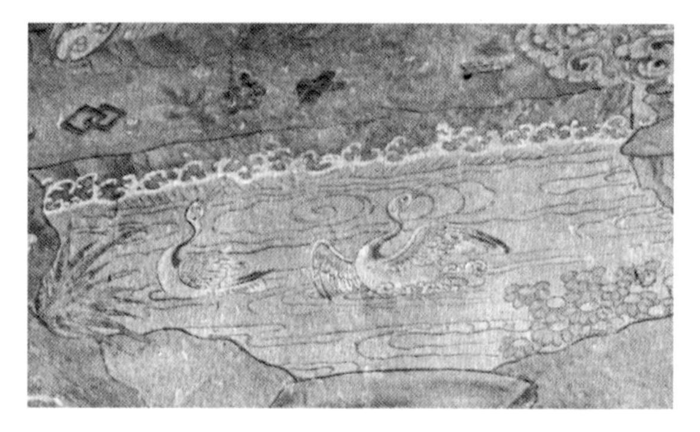

图 2-2-35　水鸟

席力图召古佛殿壁画中的线采用铁线描方式，山水树石云纹等有较为简单的晕染，人物服饰大多采用平涂的方式。人物面部描绘体现的是中原汉地人物的样貌特征，与蒙古地区或藏地人物特征有较大差别。尤其是四大天王的描绘更加明显地体现了中原汉地风格的色彩。十八罗汉的面部描绘基本上也体现了中原汉地人物的相貌。壁画中人物、风景、动物等种种画面元素都体现出古佛殿壁画绘制强烈的中原汉地风貌。

第三节　乌素图召壁画

乌素图召，俗称西乌素图召，为呼和浩特八小召之一，现坐落于呼和浩特市西北郊攸攸板乡西乌素图村。据《内蒙古藏传佛教建筑》记载，历史上的乌素图召由七座寺院组成：以庆缘寺为中心，东有长寿寺，西有东茶坊，东北有法禧寺，西北有药王寺，正北为罗汉寺，罗汉寺北侧为法成广寿寺，因世人不知各处寺庙的名称，便将其总命名乌素图召[①]。由于东茶坊与法成广寿寺在历史进程中被毁，现存的乌素图召由五座寺院组成，其中庆缘寺为乌素图召中规模最大、最具代表性的寺庙[②]。《蒙古及蒙古人》中分析庆缘寺管辖两座属庙，分别为“法禧寺”以及位于呼和浩特西南方 65 公里（130 里）处的“增福寺”[③]。

关于乌素图召的起源，据《乌素图召沿革》记载，召庙始建于明隆庆年间，由察哈尔·迪彦齐呼图克图一世组织以希古尔、拜拉为首的蒙古族匠人建造了第一座寺庙“法成广寿寺”，随后修建了“东茶坊”，两寺合称“察哈尔庙”。自此，历代呼图克图对乌素图召进行扩建，于明万历年间修建庆缘寺，康熙年间建长寿寺、雍正年间建法禧寺、乾隆年间建罗汉寺、最后修建药王寺。法成广寿寺始建于明代隆庆年间，是乌素图召最早的一座寺院，于康熙二十九年（1690 年）由阿旺丹丕勒扩建，被康熙帝钦赐“法成广寿寺”名[④]。于咸丰九年（1859 年）经过一次修缮，1949 年后由于年久失修无法修复被拆除。

庆缘寺为乌素图召的主寺庙，于明万历三十四年（1606 年）在西乌素图村的那尔苏台山下建成[⑤]。当时建寺盛况空前，规模宏伟，有正殿一座，左右偏殿两座，还有一处四大天王庙。据《绥远通志稿第十二册》记载，由于寺庙破旧不堪，年久失修，乾隆四十八年（1783 年），进行整体翻修，并增添新殿，次年被清廷赐予“庆缘寺”之名，并赏满、蒙古、汉、藏四体匾额。此后，寺庙的整修一直保留现在的规模布局。

长寿寺于清康熙三十六年（1697 年）由达赖扎木苏却尔吉修建，据长寿

---

① 张鹏举．内蒙古藏传佛教建筑 [M]．北京，中国建筑工业出版社，2012：255.

② 土默特左旗志史办公室．土默特史料：第十五集（下）[Z]．[出版地不详]：土默特左旗印刷厂，1984：185-186.

③ 阿·马·波兹德涅耶夫．蒙古及蒙古人 [M]．张梦玲，郑德林，卢龙，等，译．呼和浩特：内蒙古人民出版社，1983：174.

④ 同脚注②。

⑤ 乔吉．内蒙古寺庙 [M]．呼和浩特：内蒙古人民出版社，2003：62.

寺石碑记载："该寺在清代修葺过六次"。法禧寺创建于雍正三年（1725年），创建者有两种说法，一说为察哈尔·迪彦齐呼图克图三世罗布桑旺吉勒所建，另一说为该庙的弟子绰尔吉旺吉勒所建。罗汉寺由布桑旺吉勒于雍正三年（1725年）创建。长寿寺起初是一座小型的龙王庙，是内地来的一位姓尹的汉族人于顺治年间所建。到康熙三十六年（1697年）被乌素图召活佛命名为绰尔济大喇嘛的达赖嘉木素执事时，将这座龙王庙搬迁到乌素图村北有天然清泉的地方，修建了一座佛殿，这就是长寿寺[①]。书中记载的龙王庙这一说法也有实物证据，在庙内屋梁上有尹姓汉人所用的"钱衩子"搭放[②]。

乌素图召中各寺院的建筑风格及布局各具特色。历史上的法成广寿寺为汉藏结合式建筑，由山门、佛殿、东西厢房及八角楼构成。东茶坊因内设僧众的膳房与水房，故称"茶坊"。庆缘寺同样为典型的汉藏结合式风格，由两进院落组成，前院有山门、大雄宝殿及东西配殿，后院即佛爷府，内有五间双层大厅、东西厢房各五间、东北西北角房各三间。由于其规模庞大，在乌素图召庙群中具有统领作用。庆缘寺的核心是大雄宝殿，原始建造恢宏，能容纳约两百人。长寿寺由三进院落组成，有天王殿、汉式佛殿、东西配殿各三间、三间大厅、东西配房、东西僧舍各三间、东北角小楼等建筑。法禧寺，有山门、藏式佛殿、东西配房等建筑及茶坊院。罗汉寺布局简单，有汉式佛殿、东西厢房各三间，现被村民私占。药王寺为简易汉式四合院，现也被村民占据，不得进入。乌素图召曾受到严重损毁，但大多建筑留存至今，召庙中的建筑及壁画集汉藏艺术风格为一体，是内蒙古地区保存较为完好的古寺庙群（图2-3-1～图2-3-3）。

图2-3-1 乌素图召 庆缘寺 大雄宝殿

图2-3-2 乌素图召庆缘寺 大雄宝殿 佛殿内部

① 乔吉．内蒙古寺庙[M]．呼和浩特：内蒙古人民出版社，2003：63.

② 土默特左旗志史办公室．土默特史料：第十五集（下）[Z]．土默特左旗印刷厂，1984：191-193.

图 2-3-3　乌素图召 庆缘寺 东厢房

一、庆缘寺大雄宝殿

乌素图召庆缘寺大雄宝殿佛殿殿内壁画分布在东西两壁，每壁分上下两层，上层是护法神像，下层只有一个主尊像，剩下的地方主要绘制伴神、动物、风景等，上下层绘画风格统一。壁画以勾线为主，线条铿锵有力，线与线之间紧密结合，画面平涂的色彩变化较少，整体色调呈灰白风格，独具艺术特色。庆缘寺壁画画面为平视并列式构图，以绘制尊像图为主，以世俗图为辅，以画面人物大小体现主次层级。

庆缘寺西壁上部并列七尊像，人物排列由北至南依次为大威德金刚、大白怙主、宝帐怙主、四面怙主、婆罗门怙主、降阎魔尊、具海螺髻白梵天，下部绘有塔沃却杰保[①]。壁画最南边大威德金刚左面被遮挡，无法辨识手中法器。大威德金刚被视为文殊菩萨的忿怒相，牛首人身，九面三十四臂十六足，三十四手均持物，右手由上而下分别为：高扬、月刀、白筒、杵、勾刀、标枪、月斧、剑、箭、棒、人骨杖、法轮、金刚杵、椎、匕首、手鼓；左手自上而下分别为：象皮、人骨碗、天王头、藤牌、鲜左腿、长绳、弓、人肠、铃、

① 勒内·德·内贝斯基·沃杰科维茨，西藏的神灵和鬼怪 [M]. 谢继胜，译. 拉萨：西藏人民出版社，1993：150.

鲜左臂、丧布、三尖矛、炉、颅器、人左臂、军旗、黑布，怀抱明妃，各派壁画中均绘制其像（图 2-3-4）。

图 2-3-4 大雄宝殿 大威德金刚像

大白怙主像，通体白色，身形短胖，一面六臂，三目圆睁，獠牙卷舌，头戴骷髅冠，主手左手托着嘎巴拉碗，主手右手托着象征财富的金刚火焰摩尼宝，左上手持三叉戟，左下手持金刚板斧，右上手持钺刀，右下手持骷髅鼓，双腿直立，双脚踏一只匍匐的小白象（图 2-3-5）。

宝帐怙主像，一面三眼，呈忿怒相，张大口，右手持钺刀，左手置胸前，端着一只装满血的颅碗，臂弯中搁了一根能变化的杖，粗身大腹，五骷髅冠为首饰，穿虎皮围裙威立于烈焰之中（图 2-3-6）。

四面怙主像，四头四臂，右边头呈红色，其他呈白色，忿怒相，左一手在中间持嘎巴拉碗，右一手持钺刀，右二手挥扬金刚剑，左二手持利戟，以毒蛇、象皮、虎皮、人皮为衣，以鲜人头及颅骨为饰，身上有蛇饰，左肘间夹着一个金制宝瓶，里面盛满甘露，粗体大腹，双足右屈左伸，压在象征外道恶魔躯体的身上，站在莲花座上，背有火焰（图 2-3-7）。

婆罗门怙主像，是以婆罗门长者形象出现的大黑天，呈婆罗门装束，肤色黝黑，一面二臂，长发竖立，三眼圆睁，左手持嘎巴拉碗，右手持胫骨号，穿

图 2-3-5 大雄宝殿 大白怙主像

图 2-3-6 大雄宝殿 宝帐怙主像

图 2-3-7 大雄宝殿 四面怙主像

图 2-3-8　大雄宝殿 婆罗门怙主像

图 2-3-9　大雄宝殿 降阎魔尊像

红色短裤，单膝跪在一张人皮之上，背后有火焰纹（图 2-3-8）。

降阎魔尊像，牛首双臂，白色身，三目怒睁，头戴骷髅冠，身挂人头项圈，右手持骷髅杖，左手拿金刚索，足踏白色卧牛。明妃在其左侧，身披鹿皮，左手持嘎巴拉碗，右手持三叉戟（图 2-3-9）。

具海螺髻白梵天像，白色身，一面三眼二臂，头顶有独特海螺发髻，左手持缚有旗帜的战矛和吐宝鼠，右手持物与大召寺白梵天像和《西藏的神灵和鬼怪》一书中描写的白梵天像均不相符[①]，此处右手持物形似一根细棒，腰间挂着弓箭袋，穿高筒靴骑白马。但也在一些古代唐卡画中见到过手持吐宝鼠的白梵天像，又有其特有的海螺发髻，可确定壁画所绘就是白梵天像（图 2-3-10）。

白梵天像正下方是塔沃却杰保像，是白哈尔的大臣布查那保的另一个名称，列在护法神中，一般被描绘成一个黑色的神，一面三眼二臂，忿怒相，张嘴龇牙，右手挥舞金刚杵，左手持宝瓶置于胸前，头戴圆顶帽，坐骑为黑马，描述与壁画形象完全吻合（图 2-3-11）。

庆缘寺东壁上部并列七尊像，由北至南依次是六臂怙主、四臂怙主、吉祥天母、财宝天王、姊妹护法及其伴神、黑财神及其伴神，意之王帝释；下方为具誓铁匠金刚，构图与西壁相对称。六臂怙主，有一面三眼六手，面孔呈忿怒相，大嘴獠牙，头戴五骷髅冠，项挂人头缀成的花环，通身缀满各种饰物，

---

① 勒内・德・内贝斯基・沃杰科维茨. 西藏的神灵和鬼怪 [M]. 谢继胜，译. 拉萨：西藏人民出版社，1993：166-167.

图 2-3-10　大雄宝殿 白梵天像

图 2-3-11　大雄宝殿 塔沃却杰保像

图 2-3-12　大雄宝殿 六臂怙主像

图 2-3-13　大雄宝殿 四臂怙主像

有手镯和脚镯串铃，虎皮为裙，戴项链耳环，右一手持钺刀，左一手捧颅碗，右二手持人骨念珠，左二手持三义戟，右三手持骷髅鼓，左三手持带有金刚和钩子的降魔套索。站立姿势，两腿右屈左伸，足踏白色象头神，周身火焰环绕（图 2-3-12）。

四臂怙主像，一面四臂两足，忿怒相，五骷髅冠为头饰，须发上冲。右一手持金刚钺刀，右二手挥扬金刚剑，左一手持盛满血液的颅器，左二手持具有人骨头的戟，戴蛇形项圈（图 2-3-13）。

吉祥天母像，一面三眼二臂，右手挥舞权杖，左手置于胸前持盛满血的颅器。张着大口露出利齿，黄发上冲，头冠上有月亮模盘，其上有孔雀羽华盖。围裙由新剥的虎皮制成，腰上插着拘鬼牌缠着蛇，褡裢上挂着一条口袋和一对骰子。坐骑是一头黄骠神骡，神骡左右胯部还长着两只眼睛，座下是人皮，人头滴着血倒挂在坐骑左侧，天母侧身骑在骡子上，凌空飞行，四周风火血海（图 2-3-14）。

财宝天王像，一头双臂，面色微怒，头戴宝冠，宝冠上镶有黄金和宝石，身着红色战袍，华丽铠甲，右手持胜幢，左手持正在吐出蓝宝石的吐宝鼠，坐骑为红鬃白狮子（图 2-3-15）。

姊妹护法像，身体鲜红，如同玛瑙色，三目怒视，大嘴獠牙，舌头卷起，眉毛黄红色上冲，右手高扬挥舞利剑，左手拿着敌魔的一颗黄红色心脏递向嘴边，左肘间夹着一支长矛和一副弓箭，矛上旗幡飘动，右脚下踩着一匹灰绿色四蹄朝天倒卧的战马，左脚下踏着匍匐的被俘者，身穿铠甲，足穿红色高

图 2-3-14 大雄宝殿 吉祥天母像

图 2-3-15 大雄宝殿 财宝天王像

图 2-3-16 大雄宝殿 姊妹护法像

图 2-3-17 大雄宝殿 姊妹护法红命主像

图 2-3-18 大雄宝殿 姊妹护法红面女像

筒靴，火焰环身，威立在莲花日轮座上。姊妹护法红面女像位于姊妹护法像的下方左侧，是其伴神，身穿铠甲，戴头盔，右手持红矛，左手舞着红赞套索，骑在一头狼身上。姊妹护法红面女，是姊妹护法的明妃，其像为罗刹女身形相貌，身黑如乌云，面孔红色，卷舌，露海螺牙齿，绿松石眉毛，红色发辫挽髻，戴全身饰，骑在一头母狮背上（图 2-3-16~图 2-3-18）。

姊妹护法像及伴神像旁边绘制着黑财神像，身形矮胖，大肚福相，焰火般发髻，三目圆睁，须眉赤红如火，头戴宝冠，左手托叶宝，右手托圆宝盒。下方有护法天神，一面两臂，左手持长矛，右手挥舞金刚杵，戴藤帽，骑战马，缉小鬼。《唐卡中的财神》一书中表明，黑财神的周围经常显现形态各异的护法天神[①]（图 2-3-19、图 2-3-20）。

① 诺布旺典．唐卡中的财神 [M]．西安：陕西师范大学出版社，2009：204.

图 2-3-19　大雄宝殿 黑财神像

图 2-3-20　大雄宝殿 黑财神伴神像

东壁最南面上方绘制的是意之王帝释像，“意之王帝释一身蓝黑色，生有一面二手。他的嘴大张，牙外龇；从眉毛和面毛处冒出黄红色的火焰。右手投向敌人的魔绳套，左手握切断主生魔障之邪怪命脉的利刃，身穿熊皮外套和黑丝披风，头戴黑丝头饰，全身用宝石装饰。此神高兴起舞时，骑一头如同雪山开裂时落下的雪块般大小的长鼻象，由门普布查牵象。”[①]一面二手，忿怒相，大嘴龇牙，从眉毛和面毛处冒出黄红色的火焰，左手持投向敌人的魔绳套，右手持利刃，身穿熊皮外套和黑丝披风，头戴有金色装饰物的帽子，骑一头雪白额长鼻象（图 2-3-21）。

帝释像的正下方是具誓铁匠金刚像，骑着褐色的公山羊，身灰色，生有一面二臂，头戴帽子，身穿红色法衣。右手挥舞着青铜冒火锤，左手持一个吹火皮囊（图 2-3-22）。

图 2-3-21　大雄宝殿 帝释像

东西两壁壁画在护法像中间穿插有动物及世俗题材，表现内容为广袤草原上牧民的生活场景、地貌特征、山水鸟兽等。东壁中部

① 勒内·德·内贝斯基·沃杰科维茨. 西藏的神灵和鬼怪 [M]. 谢继胜，译. 拉萨：西藏人民出版社，1993：127-130.

图 2-3-22　大雄宝殿 具誓铁匠金刚像

图 2-3-23　大雄宝殿 龙

底端绘有气势磅礴的一龙两狮像，龙盘踞于云层中，眉毛如焰，傲视天下。龙局部虽遭破坏，但勾勒龙外形的线条流畅、强劲（图 2-3-23）。

龙的上方还有两只兔子，与另一处绘制的嬉戏玩耍的三只小兔绘画风格一样，生动有趣（图 2-3-24）。尽管狮子像的面部被毁坏，但仍可见一只狮倚靠蹲坐在八宝树旁，另一只狮呈匍匐状与同伴嬉戏（图 2-3-25）。

壁画所绘的狗应是对牧民生活的表现。蒙古人认为狗是吉祥的动物，养狗是蒙古族社会生产及日常生活中的重要习俗和文化，壁画中绘制的狗形态生动（图 2-3-26）。牛绘制在壁画的下部，好像在愤怒追逐着前方的马，怒目圆睁，神态凶猛。牛在壁画的很多地方都有其特殊的意义，如降阎魔尊像和大威德金刚像都是牛首（图 2-3-27）。

壁画下部还绘制了下山虎，身上绘有黄黑相间的斑纹，形态生动（图 2-3-28）。壁画上多处绘有羊群，颜色各异，动态不同，画面活泼生动，线条婉转流畅，

图 2-3-24　大雄宝殿 兔子

图 2-3-25　大雄宝殿 狮

图 2-3-26　大雄宝殿 狗

图 2-3-27　大雄宝殿 牛

图 2-3-28　大雄宝殿 虎

图 2-3-29　大雄宝殿 羊

有的羊群旁边还绘有牧羊人，体现了当时的生活场景（图 2-3-29）。

马在游牧的蒙古族和藏族人民心中都有着重要的地位，壁画中的马有的似在奔跑，有的似在悠闲散步，有的似在交流，颜色、动态各式各样，活灵活现（图 2-3-30）。壁画中还绘有孔雀、老鹰、乌鸦等飞禽。姿势都表现得栩栩如生，有的欲飞欲落，有的空中低飞，有的站立，全部运用深浅墨色，工笔晕染表现各类飞禽走兽的形态特征（图 2-3-31～图 2-3-33）。

图 2-3-30　大雄宝殿 马群

东西壁殿阁照壁板上皆绘制罗汉像，每壁各五幅，共十八罗汉。西壁罗汉像由北向南依次为因竭陀尊者、

图 2-3-31 大雄宝殿 孔雀

图 2-3-32 大雄宝殿 鹰

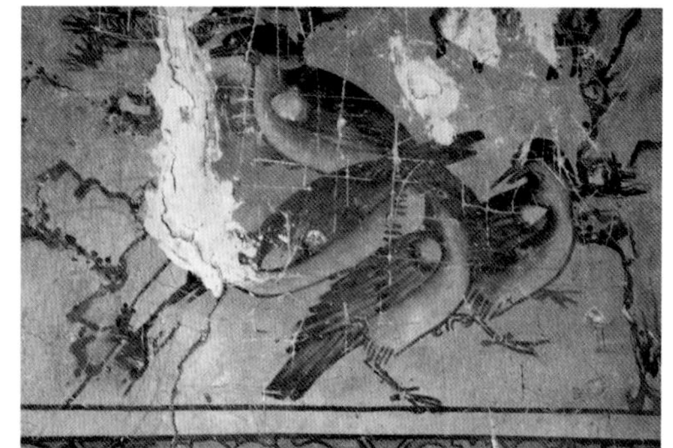

图 2-3-33 大雄宝殿 乌鸦

阿氏多尊者、伐那婆斯尊者、迦里迦尊者、伐阇罗佛多尊者、跋陀罗尊者、迦罗迦伐蹉尊者、迦诺迦跋黎堕阇尊者、羯摩札拉尊者；东壁罗汉像由北向南依次为巴沽拉尊者、罗睺罗尊者、注荼半托迦尊者、宾度罗跋罗堕尊者、半托迦尊者、那迦希尊者、苏频陀尊者、阿秘特尊者、布袋和尚。无论是勾线方式，还是色彩晕染，罗汉造像都区别于护法神造像，如羯摩札拉尊者像旁边绘制的老虎形象和护法神像下面绘制的老虎形象用笔、用色、动势都截然不同。大雄宝殿壁画以墨线为主，色彩为辅，整体图像平面感较强，不强调明暗阴影关系，更注重线条的疏密变化、强弱顿挫。从整体看，壁画主色调以灰白素色为主，以沥粉堆金描绘点缀装饰物，护法神造像的色彩并没有完全按照书本教义及粉本上要求的颜色去绘制，图像色彩运用明显有别于传统明艳的西藏地区壁画，也不同于本书调研的其他几个召庙中的护法神壁画。清乾隆六年（1741 年），乌素图召地区尚未有技术过硬的工匠和色彩丰富的颜料，表明当时的画师可能未有纯熟的制作技法。无法判定此种绘画图像是其绘制时受明时期中原汉地绘画的影响，还是由于颜料稀少，简约使用，又或是年代久远，矿物质氧化，色彩脱落造成壁画以现在的灰白色调呈现出来（图 2-3-34、图 2-3-35）。

图 2-3-34　大雄宝殿西壁殿阁照壁板

图 2-3-35　大雄宝殿东壁殿阁照壁板

大雄宝殿的天顶木板画与墙壁壁画风格迥异。大雄宝殿天顶中间坛城图像现已模糊损坏，但依稀可见坛城正中为八瓣莲花形，其位显现八位佛像，中心为主佛，结跏趺坐。四门上方云中有八位供养天女像，宫墙外用八宝树及伞盖装饰，殿内顶部内外环覆顶髻尊胜佛母像、白度母像。大雄宝殿顶部根据柱式分隔十九方阵，外环依墙四周成十六矩形方阵，阵内尊像为白度母，面、手、脚共具七目，亦称七眼佛母。白度母像一面二臂，肤白色，头戴五佛冠，发乌黑，三分之二挽髻于顶，三分之一披于两肩，右手置于膝上结接引印，左手当胸，以三宝印之势拈乌巴拉花，花沿腕臂至耳际，身着彩色天衣绸裙，耳环、手钏、指环、臂圈、脚镯具足，宝珠瓔珞绕颈、胸、脐，结双跏趺坐于莲花月轮上。内环长矩形方阵并列，阵内尊相为顶髻尊胜佛母，简称“尊胜母”，是长寿三尊之一（图 2-3-36）。

顶髻尊胜佛母像三面八臂，中面和八臂及身白色，右面红色（粉本记载右面应为黄色），左面蓝色，三面额上各生一眼，头上梳着高髻，戴花冠，主臂两手当胸，右手托着金刚杵，左手拿着套索，其余六手伸向身体两侧，右侧第一只手托着一尊阿弥陀佛像，第二只手持箭，第三只手掌心向外结施愿印，左侧第一只手臂上扬，第二只手持弓，第三只手托一净瓶，身穿绸缎天衣，双足金刚跏趺，端坐莲花月轮之上（图 2-3-37）。

顶部方格内所绘尊像色调不一致，有的模糊斑驳显得年代久远，有的色彩

图 2-3-36 大雄宝殿天顶 白度母像

图 2-3-37 大雄宝殿天顶 尊胜母像

清晰可见则为新绘制的，仔细观察所绘尊相造像单一，线条勾勒粗糙，着色晕染敷衍，装饰物描绘以黄色颜料代替原沥粉堆金手法，且顶部有一方格注明此为 1994 年 7 月重新绘制。

庆缘寺从明朝万历年间寺庙兴建，至清朝乾隆年间翻修，又在 1994 年重修，其不同时期壁画造像的差异清晰可见（图 2-3-38、图 2-3-39）。

图 2-3-38 大雄宝殿 东壁整铺造像

图 2-3-39 大雄宝殿 西壁整铺造像

二、庆缘寺东厢房

庆缘寺东厢房壁画绘于殿内东、南、北三面墙壁，共残存壁画六面。南、北两壁壁画保存相对完整，壁画上分别绘有七位尊像。东壁壁画损坏十分严重。据残存壁画分析其题材应是十八罗汉、四大天王、大成就者以及护法神像等。壁画采用大面积沥粉堆金装饰，色彩大面积平涂，与大雄宝殿的壁画风格和处理方法有较大差异，构图方式也与大雄宝殿壁画有较大差别。

北壁和南壁壁画保存完好且位置相对，构图完全一致，都是共绘七个画像，分为三层。北壁壁画上层绘有三尊罗汉像，从东向西分别是：右手当胸结说法印左手脐前结禅定印的跋陀罗尊者、双手结定慧印的阿氏多尊者和双手持珠宝璎珞的迦罗迦伐蹉尊者。中间绘制一位正面坐像黄帽高僧，左手托经书，右手结说法印。高僧旁边是羯摩札拉尊者，尊者动势与大雄宝殿所见有很大差距，其一改常见样貌，呈回首仰望姿势，手中没有了标志性的拂尘和宝瓶，更不见经箧与伞盖，尊像右手置于头顶处作瞭望状，望向位于上方阿氏多尊者与迦罗迦伐蹉尊者中间的无量光佛，一只虎于其身后作回首状，壁画中的羯摩札拉尊者虽基本符合行脚僧的装束，但是其装束与姿态更生活化。最下层面积较大，绘制了两位站姿天王像，为南方增长天王和东方持国天王，此二天王像绘画风格与对应的南壁北方天王和西方天王一致。增长天王面容肤色较重，浓眉圆目，铠甲华丽细腻，衣带飘舞，头冠堆金装饰样子华美，手持宝剑，身体微微右倾，造型极为生动，似有跃画而出之势。持国天王细眉长目，衣饰同样华丽，双手抱琴似在弹奏，立于云气纹中，人物整体描绘生动而富有活力（图2-3-40）。

南壁壁画最上层同样绘有三位罗汉像，从东到西依次为：右手持禅杖左手持宝瓶的那迦希尊者、双手捧有菩提佛塔的阿秘特尊者和左手当胸捧经右手做打开状的苏频陀尊者。最下层是与北壁对应的两位立姿天王像，分别是北方多闻天王和西方广目天王，广目天王肤色发红，杏眼圆睁，铠甲头冠华丽精致，全部以沥粉堆金装饰，天王立于动感飘带和云纹中，右手托白塔左手执蛇，极为生动。多闻天王赭石肤色，头戴宝冠，以

图2-3-40　东厢房北壁壁画

金描绘，圆形花瓣领，铠甲纹路精细清晰，腹前兽首口含腰间带钩，兽首描绘生动，右手执宝幢，左手托吐宝鼠，脚踏祥云，画面具有强烈的空间感。壁画中间一层绘制了一位白衣大成就者和布袋和尚，中层的布袋和尚依旧为袒胸敞怀的坐像，面容慈祥和蔼，周围有婴孩与之相戏。与布袋和尚同处于壁画中层的为一大成就者坐像，内着红衣外披白袍，长发垂肩头戴圆顶帽，面朝布袋和尚，右手向前作前推状，左手托一黄色小布袋。南北两壁壁画中的七位尊像体量较大，平行布局简单且密集，在尊像间的空处绘有造型简单的山与云，形式变化少，似只是为了将尊像作以空间上的区分，在绘画上并没有太多的体现，大部分背景颜色平涂用以衬托壁画中各主尊像的生动（图 2-3-41）。

东壁壁画损毁较为严重且损坏部分已经被新涂成了白墙，只留了中间已经被隔断的壁画四幅。壁画最上层基本都绘有罗汉，下方为各类尊像。东壁左右两端即壁画的南北两端所绘内容对称，均匀分为上中下三层，与南北两壁构图方式基本相同（图 2-3-42）。

东壁北侧上层依北至南依次是罗汉像：双手持金耳环的迦里迦尊者、手执拂尘的伐阇罗佛多尊者、面带微笑的伐那婆斯尊者、双手结禅定印的迦诺迦跋黎堕阇尊者，迦诺迦跋黎堕阇尊者旁的壁画已残毁。

罗汉像下面一层是：一位黄帽高僧像，结跏趺坐于莲台上，右手当胸作说法印，左手托钵，左右肩两侧莲花上分别托有铃、杵。黄帽高僧像旁边是财宝天王，其面相与绘于南壁下部的北方多闻天王极其相似，同样蓄须、头戴金色宝冠、身着金铠甲，但财宝天王坐于雪狮背上。财宝天王的南侧为四面怙主，

图 2-3-41　东厢房南壁壁画

图 2-3-42　东厢房殿内

其身为黑蓝色，怒面四臂两足。每面具三目，头戴五骷髅冠，须发上冲。居中面为黑蓝色，左面为红色，右面为白色，顶部面为烟色，右一手持金刚钺刀，右二手挥扬金刚剑，左一手持颅器，左二手持具有人骨头和虎尾幡的利戟，戴人头项圈穿虎皮裙。

此铺壁画的最下面一层分别为：白梵天像、大红司命主像、三面六臂马头明王像。白梵天像身穿长袍外披长甲，头戴骷髅冠且头顶有标志性的海螺发髻，一面三目二臂，右手高举宝剑，左右托盛有宝物的平盘、绳套和缚有旗帜的三叉戟，腰间系虎皮弓箭袋，胯下骑骏马。白梵天是三头六臂的马头明王的伴神之一[①]。大红司命主身红色，但大半颜色已脱落，三目怒视，大嘴獠牙，舌头卷起，红色头发上冲，面部颜色已脱落。右手高扬挥舞利剑，左手拿着敌魔的一颗心脏递向嘴边，左肘间夹着一支三叉戟，右脚弯曲踩着一匹灰绿色四蹄朝天倒卧的战马，左脚伸直踏着匍匐的被俘者，身穿铠甲，足穿高筒靴，身左侧的伴神颜色也已经基本脱落。三面六臂马头明王颜色也已脱落大半，虎皮裙只剩下右身一角，左侧手臂全部被新刷的白墙盖住（图 2-3-43）。

白墙南边壁画为上下两层尊像，上层残存右手当胸结礼供印左手托经书的半托迦尊者像、中间是双手交胸前持铃和杵的金刚总持像、旁边是手持颅碗的大成就者像，下层为喜金刚像，身蓝色，八面十六臂，除正脸外左右各三面皆呈忿怒相，头顶上有一面呈寂静相，中间两手持颅碗怀抱明妃，左右八手各持一颅碗（图 2-3-44）。

图 2-3-43　东厢房东壁北侧壁画

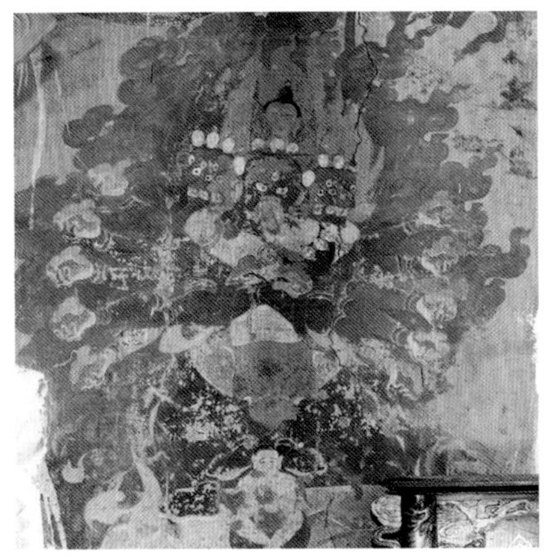

图 2-3-44　东厢房 喜金刚像

① 勒内·德·内贝斯基·沃杰科维茨. 西藏的神灵和鬼怪 [M]. 谢继胜，译. 拉萨：西藏人民出版社，1993：167.

图 2-3-45　东厢房 金刚萨埵像

图 2-3-46　东厢房大威德金刚像

此壁画与第三幅壁画又隔着一片新刷的白墙，白墙南侧壁画与第二幅壁画构图一样为两层，上层是大成就者像以及右手当胸举金刚杵左手执金刚铃的金刚萨埵像，两处的大成就者均为灰色身像，头戴骷髅冠，双手及姿势不同（图 2-3-45）。

下层为大威德金刚像，九头三十四臂十六腿，怀抱明妃。大威德金刚像颜色损毁严重，很多细节难以看清（图 2-3-46）。

东壁最南侧壁画构图应与最北侧一样，分为三层，最上层应是罗汉像，但大面积壁画现已不存，未刷白墙。中间一层现存三尊像，由北向南依次是：六臂怙主、大白怙主、米拉日巴尊者（图 2-3-47～图 2-3-49）。

图 2-3-47　东厢房 六臂怙主像

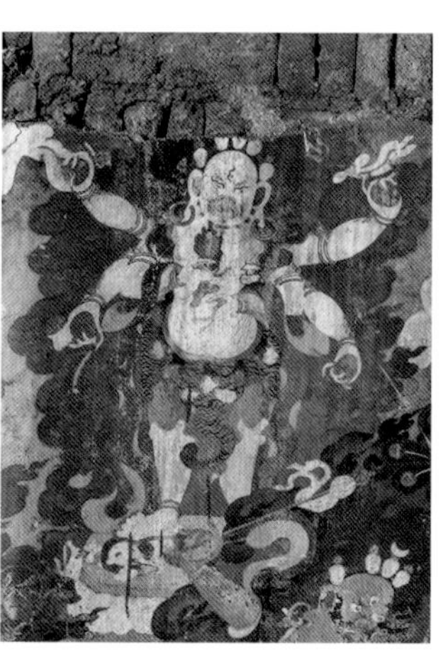

图 2-3-48　东厢房 大白怙主像

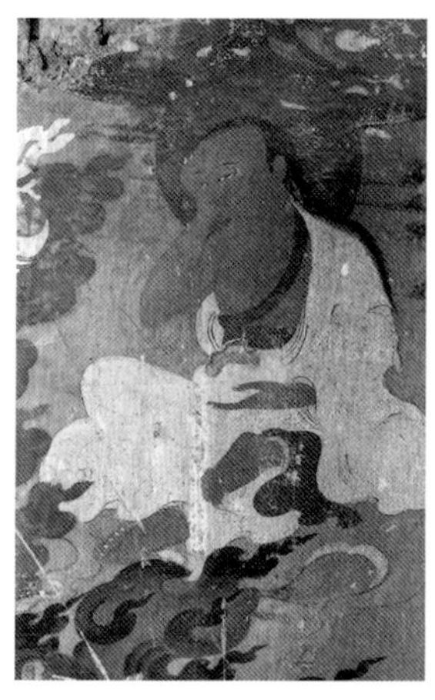

图 2-3-49　东厢房 米拉日巴尊者像

图 2-3-50　东厢房 降阎魔尊像

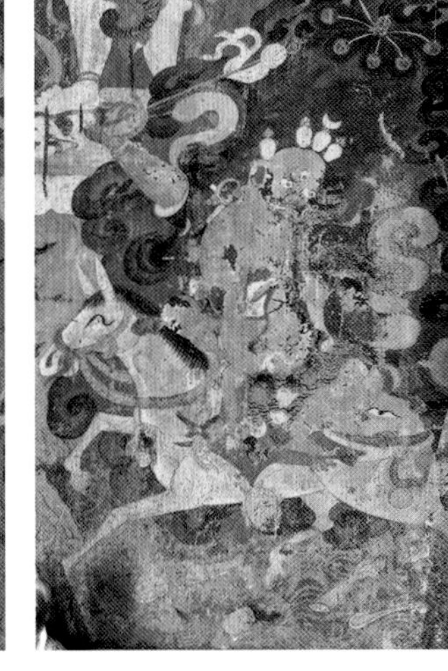

图 2-3-51　东厢房 吉祥天母像

下层为红色身护法尊像、降阎魔尊像、吉祥天母像，红色护法尊像的右侧残损难以辨别具体身份。其中，大白怙主像色彩保存较好，手持法器清晰可见，虽然面部以上完全不见，但未破坏造像的整体性。吉祥天母像、降阎魔尊像和六臂怙主主尊像身体的色彩已经基本不见，完全成黄赭色，其中六臂怙主像中间已经露出墙壁裂痕，破坏严重（图 2-3-50、图 2-3-51）。

壁画中将尊像作为主要的描绘对象，并将所绘尊像在体量上尽可能饱满地绘制在墙壁上，这样的构图方式导致尊像间的空间较小，没有更多着墨在背景表现上，不似大雄宝殿的壁画下层各种风景、动物、当地风情的绘画表现丰富。此处背景中所绘的山石、云纹等除作为背景外，主要作用是将尊像在空间上加以区分。山石、云纹等背景中所描绘的物象多反映出一种程式化的效果，本身所具有的艺术性较少，与尊像的描绘无从比较，其体现出的画面空间分割作用远大于其自身的艺术价值。乌素图召庆缘寺壁画造像迥异于内蒙古其他地方的壁画，且在同一场所内，勾线、着色、构图的绘画风格都有鲜明的差异。从明万历至今 400 多年，壁画图像已逐渐脱落氧化，尽管部分图像已不能见其清晰的样貌，但依然能体现出乌素图召庆缘寺壁画风格具有的独特性和代表性。

呼和浩特地区召庙的壁画不仅体现了西藏地区艺术的影像，也受到了来自中原汉地艺术的影响，召庙壁画具有蒙古、藏、汉三种鲜明的艺术特征。通过对呼和浩特现存的三座召庙中的壁画题材、人物造型、线条设色的对比可见，大召壁画受到西藏地区艺术特征影响最大，席力图召壁画具有鲜明的汉地艺术特征，而乌素图召壁画更多地保留了蒙古族艺术特征。

第三章

内蒙古包头召庙建筑壁画

第一节　美岱召壁画

美岱召，位于今内蒙古自治区包头市土默特右旗美岱召镇美岱召村，背靠九峰山，面临土默川。该庙原名为“灵觉寺”，后改名为“寿灵寺”，朝廷赐名“福化城”，又因迈达哩活佛曾前往为佛像开光而俗称“美岱召”。该召庙始建时位于金国的都城大板升城，且为俺答汗的家庙（汗庙），后因政权东移及更替逐渐扩建为召庙，因此在当时具有城寺合一、政教一体的独特形制。美岱召为原呼和浩特八小召之一，是内蒙古地区建造最早的格鲁派寺庙之一。

美岱召的建寺历史与土默特部俺答汗家族的历史有着十分密切的联系。明嘉靖二十五年（1546 年），为推动土默特地区的经济发展，在俺答汗的倡导下开始修建“板升”（蒙古人对定居村落的称谓），并于嘉靖三十六年（1557 年）修建八大板升及美岱召城门及角楼的“五座塔”。大板升城与美岱召关系密切，但具体关系说法不一，一说大板升城即美岱召，另一说美岱召修建于大板升城之东。[①] 嘉靖四十五年（1566 年），复建朝殿（即琉璃殿）、东南仓房、五滴水楼。明隆庆六年（1572 年），俺答汗在美岱召修建了最早的寺庙即如今的西万佛殿，据明朝的大臣方孔炤《全边略记》记述：“万历三年（1575 年），俺答请城名，上赐其城曰福化。”其后，美岱召不断进行修缮与扩建。明万历十三年（1585 年），据《草原佛声》所述，索南嘉措于土默特为俺答汗举行葬礼，进行火化，在美岱召之北修建灵塔安放其骨灰。[②] 万历三十四年（1606 年），俺答汗之孙把汉那吉的妻子乌兰妣吉，修筑泰和门、塑造弥勒佛像，并迎请迈达哩活佛为其开光。现美岱召内遗存的唯一文字实物即是城门上方镶嵌的一块石匾，其上记载了俺答汗之孙媳乌兰妣吉于万历三十四年（1606 年）起盖灵觉寺泰和门的事实。明天启七年（1627 年），迈达哩活佛东行，活佛府后改为护法神庙。清康熙二十六年（1687 年），康熙帝西征蒙古准噶尔部噶尔丹时，暂住美岱召。清乾隆五十二年（1787 年），御赐“寿灵寺”匾额。清道光二十九年（1849 年），新建照壁并维修万佛殿。清同治八年（1869 年），修建大雄宝殿。美岱召在清嘉庆、道光、同治年间达到鼎盛时期，之后逐步走向衰微。革命战争时期，乌兰夫、王若飞等革命家都曾以美岱召为掩护，开展

① 苗润华，杜华. 草原佛声 [M]. 呼和浩特：内蒙古大学出版社，2008：21-23.
② 苗润华，杜华. 草原佛声 [M]. 呼和浩特：内蒙古大学出版社，2008：97-99.

图 3-1-1　美岱召 大雄宝殿

图 3-1-2　美岱召 琉璃殿

革命斗争。[①]1958 年，美岱召生产大队将美岱召改为果园。20 世纪 60 年代寺庙严重受损，天王殿、白马天神殿等建筑被拆除。1969 年，寺庙建筑被用作战备粮库。1980 年，成立美岱召文物管理所，1982 年开始对召庙进行全面维修，并于 1984 年正式对外开放（图 3-1-1、图 3-1-2）。

美岱召因其先有城，后建寺，而形成了独特的建筑布局，即由城墙和寺庙建筑群组成的“城寺”。[②] 其平面呈不规则的长方形，总面积约 3000 平方米，建筑外围的城墙略呈方形，墙体四角建有重檐歇山顶的角楼。整个建筑群坐北朝南，主体建筑坐落于南北向的轴线上，自南向北依次为泰和门城楼、大雄宝殿、罗汉堂、琉璃殿。轴线西侧自南向北依次为乃琼庙、佛爷府、西万佛殿、八角庙，轴线东侧为太后庙、达赖庙等殿堂、院落。虽然召庙中的建筑在建造时间上存在差异，但整体建筑形式较为统一：召庙中的建筑除大雄宝殿为汉藏结合式建筑，乃琼庙为藏式二层建筑外，其余建筑均为汉式建筑，且采用了重檐歇山顶、单檐歇山顶、硬山顶等屋顶形式；召庙中的主体建筑大雄宝殿、琉璃殿、太后庙、八角庙均采用了副阶周匝的做法（图 3-1-3、图 3-1-4）。

现今美岱召已是全国重点文物保护单位，寺内大雄宝殿、经堂、琉璃殿满绘精美壁画，且保存完好，对建筑史和美术史等方面的研究具有重要参考价值。其中，大雄宝殿殿西壁有一组描绘蒙古贵族崇佛场面的供养人壁画，该壁画为乌兰妣吉整修大雄宝殿时，作为供养人命工匠所绘。壁画上的人物、服饰以及器物为我们提供了 16 世纪和 17 世纪蒙古人生活习俗、服饰和宗教等方面的珍贵资料。

① 包头市人民政府专家顾问组. 塞外城寺：美岱召 [M]. 呼和浩特：内蒙古人民出版社，2009：6.
② 包头市人民政府专家顾问组. 塞外城寺：美岱召 [M]. 呼和浩特：内蒙古人民出版社，2009：62.

图 3-1-3 美岱召 太后庙

图 3-1-4 美岱召 八角庙

一、大雄宝殿

美岱召经历了多次维修、改建，召内壁画同样经历了损毁、雨蚀、覆盖与重绘。大雄宝殿由门廊、经堂、佛殿三座歇山顶式的建筑勾连组合而成，大雄宝殿前经堂后佛殿，看似一座整体的建筑，壁画却是不同时期所绘。经堂壁画现存于一楼的大殿外门廊、经堂东南西北四壁以及经堂天井东南西北四壁，仅有北壁的壁画是古壁画，其余三壁皆为 20 世纪新绘或补绘，天井壁画均为古壁画。经堂南壁绘有六臂怙主像、吉祥天母像、财宝天王像、降阎魔尊像、姊妹护法像，东壁与西壁分别绘有十八罗汉像，此三壁皆为 20 世纪 80 年代重绘或补绘。经堂北壁的壁画受到较严重破坏，西侧西半部绘有佛寺建筑图，下半部分已毁，东侧绘有释迦牟尼佛像及弟子像，以及药师佛像、无量寿佛像（部分补绘）。经堂天井壁画均为清代壁画。天井北壁中间绘有宗喀巴师徒三尊像，均戴通人冠，宗喀巴右手莲花上托宝剑，左手莲花上托经书，结跏趺坐于中间莲花座上，二弟子分别持莲花、吐宝鼠、经书坐于卡垫上，因罩桐油画面颜色变黄。天井北壁还绘有释迦牟尼佛像、药师佛像、阿弥陀佛像、文殊菩萨像、无量寿佛像、白度母像、尊胜佛母像、大白伞盖佛母像、绿度母像等尊像及寺院、僧人诵经拜佛图。经堂天井内里西部的壁画绘制有宗喀巴像、文殊菩萨像、大威德金刚像、黄教高僧及寺院供奉像等。经堂天井内里东部壁画绘制有释迦牟尼佛像、金刚手像、吉祥天母像、狮面佛母像、姊妹护法像、大白怙主像、婆罗门护法像、宝帐护法像、四臂护法像、六臂护法像、降阎魔尊像、财宝天王像等尊像。天井正中为八角形藻井，内有壁画，顶部绘有曼陀罗图案，天井和经堂天花板的“井”字形方格内则绘有八瓣莲花形的各种尊像：释迦佛像、八臂大白伞盖佛母像、金刚手像、白度母像、绿度母像、无量寿佛像、尊胜佛母像、文殊菩萨像、四臂观音像及曼陀罗纹样等。

大雄宝殿佛殿壁画现存于一楼东、南、西、北四壁以及天顶、藻井彩画，壁画腰线以下均为明代壁画，天顶藻井木版彩绘也为明代原绘，上层壁画为清代绘制覆盖，清代康熙至乾隆年间对部分壁画进行过重绘，20 世纪 80 年代对壁画的损毁部位又进行了补修。

佛殿西壁最有特色的内容就是腰线以下绘制俺答汗家族供养人像，壁画绘制技艺精湛、笔法细腻，生动再现了俺答汗家族礼佛的场面，极具艺术鉴赏价值和历史研究价值。西壁腰线以下，以须弥座相隔分为南北两部分。北侧中间绘制了三娘子像，是俺答汗的第三位夫人，她为明朝和蒙古的通贡互市、和平发展作出了巨大的贡献。壁画中老妇人面容慈祥，头戴红顶黑色皮檐帽，身着黄色皮毛领对襟长衫，右手持摩尼宝，左手托宝瓶，拇指挂佛珠，耳戴珠宝耳环，颈上戴红色珊瑚项链，结跏趺坐于长凳上（图 3-1-5）。

三娘子像右肩旁有一战神，戴头盔，全身铠甲，脚蹬高靴，系绿色腰带，左手执红缨带旗长矛，右手持弓箭，倚坐在虎皮座上，背插九面彩旗，此人被认为是俺答汗战神，壁画绘制时俺答汗已去世，在当时的人们心中被神化。据载索南嘉措赠俺答汗“法王大梵天”的称号，此称号战神与大梵天伴神极为相似，而此处出现的战神形象与八角庙出现的大梵天伴神形象亦有多处相似点（图 3-1-6）。

下方两侧为两个侧身敬立的红衣侍者像，一个捧宝壶，一个托碗，作侍奉状。三娘子左肩侧上方为四个演奏乐器的红衣喇嘛，上方两喇嘛一个击鼓一个击钹，下面两个喇嘛吹法号。乐队旁边是一面向三娘子的红衣妇女，戴与三娘

图 3-1-5　大雄宝殿 三娘子像

图 3-1-6　大雄宝殿 战神像

子类似的红顶黑檐冠，穿浅色云肩，右手托如意宝，左右拿佛珠，被认为是乌兰妣吉。下方是四个乐师像，和乌兰妣吉一样面朝三娘子像，分别演奏胡琴、唢呐、筝和笛。最北侧绘有姊妹护法像，又命名为大红司命主，身红色，三目怒视，大嘴獠牙，舌头卷起，眉毛上冲，右手高扬挥舞利剑，左手拿着敌魔的一颗黄红色心脏递向嘴边，左肘间夹着一支长矛和一副弓箭，矛上飘动黑红色旗，右脚下踩着一匹灰绿色四蹄朝天倒卧的战马，左脚下踏着匍匐的被俘者，身穿铠甲，项挂人头项圈，足穿红色高筒靴，红色火焰环身，威立在莲花日轮座上（图 3-1-7）。

三娘子像右手边蓝袍长须男子像头戴红顶黑檐帽，右手持佛珠，左手托如意宝，盘坐于垫上，身形小于三娘子，被认为是俺答汗嫡孙第三代顺义王扯力克，与下方四个双手合十的跪拜男子共同朝向三娘子（图 3-1-8）。

西壁腰线以下南侧以一红衫蓝袍妇女像为中心，妇人头戴彩色斗笠帽，披黄色云肩，颈挂蒙古族装饰风格的宝石项链，左手上托火焰如意宝，右手当胸握佛珠，坐于半圆形垫子上，此人被认为是俺答汗孙媳乌兰妣吉，其身后绘有佛教八宝图案，分别是宝幢、法轮、宝瓶、双鱼、伞盖、海螺、妙莲、吉祥结（图 3-1-9）。

图 3-1-7　大雄宝殿 姊妹护法像

图 3-1-8　大雄宝殿 扯力克像

图 3-1-9　大雄宝殿 乌兰妣吉像

乌兰妣吉像面向左手边，与一红衣喇嘛相对而坐，红衣喇嘛即迈达哩活佛。活佛头戴红色荷叶边圆顶帽，穿红色僧袍，右手举到面前托火焰宝，左手托珠宝，须发卷曲，盘坐于半圆形垫上，面前左右放置两只嘎巴拉碗。活佛后边身形略小的人着淡黄色长袍，戴荷叶形帽，头发和活佛一样卷曲，右手托火焰宝，左手托法号（图 3-1-10）。

乌兰妣吉像身后绘有一年轻男子，表情温和面带微笑，头戴浑脱毡帽，帽

图 3-1-10　大雄宝殿 迈达哩活佛像

图 3-1-11　大雄宝殿 猛克台吉像

顶有红宝石，身穿半袖黄色圆领长袍，左手托火焰珠，右手握佛珠。据推测此少年是乌兰妣吉的孙子猛克台吉（图 3-1-11）。

猛克台吉像身后绘有一身穿橘色长袍、浅蓝色罩袍的男子，面露凶相，头戴彩色斗笠帽，右手托碗，据推测此人可能是乌兰妣吉嫁不他失礼所生的儿子素囊，从小娇生惯养、专横跋扈。除了主要人物外，壁画中还绘制了几十个身着蒙古族服装，不同动势、姿态的人物，有的捧供物，有的持乐器，还有的持烟袋，一起围着迈达哩活佛，画面精彩纷呈。

西壁上部绘有三世达赖索南嘉措像及其二弟子像，背景为其传法故事。达赖三世像占据壁画中间大面积，只见其带黄色通人冠，着红色袈裟，上有云纹等图案装饰，内着右衽交领坎肩，左手托碗，碗内一晶莹剔透的宝珠，右手接触地印，端坐在莲花座上。主尊像将画传分为南北两部分，主尊像顶部有红色身双手作禅定印的佛像一尊。北侧画面的右上部分，表现的是索南嘉措拜师学法及为僧众讲经说法的事迹，其他画面部分绘有其在各寺庙讲法情形。南侧的画面，居中稍下的部分绘有雪山、河流、道路等，表现达赖三世师徒不畏艰难到各地讲学的历程，壁画还绘有接受迎请、供养、说法等情形，以及佛、菩萨、观音、护法神、天女等形象。达赖三世壁画内容较为少见。在内蒙古中部地区的召庙再未见类似内容的巨幅壁画。

佛殿东壁壁画绘有宗喀巴成道故事图，宗喀巴像位于画面正中，头戴黄色通人冠，着红色袈裟，内衬右衽交领带装饰纹样的僧衣，结跏趺坐于莲台上，双手当胸结说法印，手中拈托起经书和宝剑的莲花茎。画像眼部以下双手以上部分被破坏，为现代修补（图 3-1-12）。围绕主像绘有八大弟子画像。宗喀巴传道故事图内容绘于主尊像两侧：南侧主要绘有宗喀巴的父母、幼年的故

图 3-1-12　美岱召 宗喀巴像像

图 3-1-13　美岱召 宗喀巴传记故事图

事，师从法王端智仁钦学习显密经论，访学辩经讲经弘法，见文殊菩萨、诸佛，菩萨现身加持，弥勒菩萨出现，修葺寺院；北侧绘有建立根本道场甘丹寺瞻仰阿底峡尊者亲见阿底峡等印度诸论师、解除寿难、大昭寺神变法会、为众说法、谢绝明成祖邀请等故事场景（图 3-1-13）。

腰线以下护法尊像排列为：宝帐怙主、四臂怙主、六臂怙主、降阎魔尊、吉祥天母、骑鹿仙女。护法造像的形象、特征、手持物等基本与通常的粉本造像相符（图 3-1-14～图 3-1-18）。

图 3-1-14　大雄宝殿 宝帐怙主像

图 3-1-15　大雄宝殿 四臂怙主像

图 3-1-16　大雄宝殿 六臂怙主像

图 3-1-17　大雄宝殿 降阎魔尊像

图 3-1-18　大雄宝殿 吉祥天母像

佛殿北壁绘有释迦牟尼画传。壁画正中绘释迦牟尼结跏趺坐于莲座之上，左手托钵，钵内有一莲花，右手作触地印，身着红色袈裟，上有花纹图案装饰。两侧各侍立一弟子，目犍连在右，舍利弗在左，各手持天杖和钵。佛传故事上部一排绘制各神佛、护法、菩萨、大德高僧像等，释迦牟尼顶部画三尊像，两侧各画六尊，东部分别为狮吼文殊菩萨、阿底峡、白色双身菩萨、阿閦佛（不动如来）、无量寿佛、双身持金刚；西部分别为弥勒菩萨、米拉日巴、不空羂（罥）索观音、金刚手菩萨、四臂观音和文殊菩萨。佛传故事间两侧共绘六尊释迦牟尼像，六尊佛与主尊释迦牟尼及二弟子均沥金，佛传故事东部两排由上至下依次绘制乘象入胎、太子出生、仙人看相、太子角力、太子出四门、牧女献糜、出家离俗、调伏众象等，西部绘梵天劝请、商人奉食、观菩提树、降服六师、华严大法、佛祖涅槃、造塔法式等。

腰线以下绘制四大天王坐像和二尊者像，分别为多闻天王、广目天王、增长天王、持国天王、布袋和尚、羯摩札拉。其中，羯摩札拉静止站立，右手执拂尘，左手捧宝瓶，身背经书架，身右侧一虎与尊者看向同方向。布袋和尚大腹便便，着汉式袈裟，左手持念珠，右手捧蟠桃，身边六个顽童皆是儿童装扮成人身体，比例颇不协调（图 3-1-19～图 3-1-24）。

图 3-1-19　大雄宝殿 多闻天王像

图 3-1-20　大雄宝殿 广目天王像

图 3-1-21　大雄宝殿　增长天王像

图 3-1-22　大雄宝殿 持国天王像

图 3-1-23　大雄宝殿 布袋和尚像

图 3-1-24　大雄宝殿 羯摩札拉像

图 3-1-25 大雄宝殿 阿丹像（原壁画）

图 3-1-26 大雄宝殿 戳聂像（原壁画）

佛殿南壁门窗的两侧大黑框内为明代绘画，西侧腰线以上左上角黑色长方形框内绘有大威德金刚像和八路财神之阿丹像、戳聂像，还有一白狮之头部，应当是财宝天王的坐骑（图 3-1-25、图 3-1-26）。

图 3-1-27 大雄宝殿 八路财神像（重绘壁画）

黑框外是之后绘制的内容，上部绘有财宝天王像，财宝天王像四周绘有大威德金刚像、密集金刚像、胜乐金刚像和金刚手像。下部绘有八路财神像，西面四个分别是西北方神阿丹、西方神诺布桑保、东北方神瞻部庆巴、北方神丑身，东面四个分别为南方神康瓦桑布、西南方神戳聂、东方神黄杂木巴拉、东南方神羊达希（图 3-1-27）。从画面看，原壁画的内容与重绘壁画的内容应当相同。对比两个时期存留的相同内容的戳聂像和阿丹像可以清晰地看出，黑框内明代所绘制的形象比较有个性，两位尊像面容表情均不相同，服饰细节也刻画精细，坐骑的两匹马动势、神态也各不相同。而黑框外后期绘制的人物形象基本是一个模子刻出来的，没有特征表情，身体比例结构也略显不准，坐骑的马虽然动势有差别，但整体感觉还是形象相似、没有亮点，人物盔甲的绘制也略显简单、没有细节。

腰线以下由西向东绘黄财神像、黑财神像、黄色财续母像、象头财神像、财源天母像（图 3-1-28）。南壁门窗的东侧长方形框内有残留的未覆盖的早期壁画，有狮吼观音十二丹玛护法像局部，原画主尊像的位置从残留冠饰及左

图 3-1-28　大雄宝殿 黄财神像　　图 3-1-29　大雄宝殿 白拉姆像

手所持之物看，应当是白拉姆像。重绘壁画与原壁画内容也应当相同。腰线以下黑框外绘有白拉姆，上部分别绘有莲花生大师像、金刚萨埵和狮吼观音像，周围绘有长寿五姐妹像及十二丹玛护法像（图 3-1-29）。腰线以下自西向东绘有财源天母像、骑马护法像（被楼梯遮挡）、执彩箭骑鹿护法像、执旗和嘎巴拉碗骑牛护法像。早期壁画画风更加细腻，服饰描绘精致，面容各异，不似后期绘画部分，衣着、面容相近，绘制较程式化。

天顶、藻井绘有曼陀罗、八佛像，天花绘有各种尊像的八瓣莲花图案，各种形式的曼陀罗图案，两个阶层的天花板间立面木板画绘各种佛像、宗喀巴像与众弟子像、噶玛噶举派人物像、十八罗汉像、印度八十四位大成就者像等。

大雄宝殿壁画背景中所绘风景较为粗糙。山石树木的表现都较为形式化，山水在背景空间层次表现较弱，基本呈平面化，水纹和云纹都似有固定的程式，形象上没有大的差异，用笔精彩之处不多。

二、琉璃殿

琉璃殿是美岱召的早期建筑之一，在塑像之间北墙墙面上绘有十八罗汉像，东西两壁绘有各派祖师大德像、护法像、诸神像，南壁窗下绘有护法诸神像，是原存的壁画。这些旧壁画造型古朴、色调单纯，画面陈旧，是美岱召现存最早的壁画之一。琉璃殿一楼与二楼都保存有壁画，一楼的东、南、西、北四壁以及天花板图案，二楼的北、西、东三壁，其中一楼壁画皆为美岱召早期壁画，二楼壁画下层有覆盖的壁画，北壁大部分已剥落，仅存部分壁画。

琉璃殿一楼东壁绘有索南嘉措像、阿底峡像，上方绘有一较小尊像为宗喀巴像，旁边绘有金刚手菩萨像及不动明王像，上面绘有身形较小的三位菩萨像。西壁绘有宁玛派祖师莲花生像、萨迦班智达像、金刚手菩萨像、不动明王像，上方小图为无量光佛像、米拉日巴像、玛久拉仲像、双身大威德金刚像。琉璃殿一楼北壁绘有十八罗汉像。南壁绘有黑财神像、黄财神像、六臂怙主像、四臂怙主像、宝帐怙主像。二楼壁画与一楼风格差异较大，绘有主尊释迦牟尼佛像、弥勒佛像、文殊菩萨像、三十五佛像。北壁画目前仅存东侧文殊菩萨像和释迦须弥座左右三十五佛像的部分，其他三分之二壁画全部脱落损毁。东壁为对称式构图，绘有主尊药师佛像、马头明王像、财宝天王像、七佛像、供养菩萨像等。西壁与东壁构图相似，绘有主尊阿弥陀佛像、双身大轮金刚手像、大白伞盖佛母像、供养菩萨像等（图 3-1-30～图 3-1-35）。

图 3-1-30 琉璃殿 索南嘉措像

图 3-1-31 琉璃殿 东壁金刚手菩萨像

图 3-1-32 琉璃殿 不动明王像

图 3-1-33 琉璃殿 萨迦班智达像

图 3-1-34 琉璃殿 西壁金刚手菩萨像

图 3-1-35 琉璃殿 马头明王像

琉璃殿存留的壁画为明代绘制，其绘画风格造像特征均与大雄宝殿有一定的差异。对比琉璃殿一层和大雄宝殿佛殿一层绘制的索南嘉措像，面容五官绘制的风格有差异，僧袍样式也不同。琉璃殿绘制的护法神像也与通行的粉本风格有差异。忿怒像圆睁的三只眼睛、张开的大口及上竖的头发，表现都不及粉本样式和大雄宝殿里的护法像那么夸张。

三、太后庙

太后庙殿堂规模较小，正面设门，无窗，殿内一楼四壁布满壁画，且下部分损毁，后补绘。南壁大门两侧上下绘四大天王画像，门楣上方绘五尊供养天女像，东、西壁的下方绘八大菩萨主像，中部绘十八罗汉像，上方两排绘诸佛像，各派大德人物共七十尊，下排绘佛像三十五尊，人物大小一致，排列成行。北壁绘有三世佛，每佛两侧各有弟子胁侍，佛像背光为六拏具，由大鹏金翅鸟、龙女、鲸鱼、童子骑羊、狮王、象王组成。这种背光的表现形式一般出现在木雕和铜像上，内蒙古中部地区出现的壁画只有美岱召太后庙和五当召苏古沁殿的壁画中用了这种方式绘制背光。最上方绘有一排十三尊大德高僧像，头戴红帽、黄帽，下层在背光之间绘有莲花生像、四臂观音像、宗喀巴像、金刚手护法像等尊像及三十五佛像。太后庙大部分壁画应都是后世重描或重绘作品，人物形象及衣着线条都比较粗糙（图 3-1-36～图 3-1-39）。

图 3-1-36　太后庙　十八罗汉像（局部）

图 3-1-37　太后庙　文殊菩萨像和羯摩札拉像

图 3-1-38　太后庙　过去佛燃灯佛像

图 3-1-39 太后庙 未来佛弥勒佛像

图 3-1-40 八角庙 吉祥天母像

图 3-1-41 八角庙 财宝天王像

四、八角庙

八角庙规模较小，据考证也是明代建筑。建筑风格是典型的汉式风格，内存壁画尊像繁杂，五花八门。左右侧各三面（正面门、后背光面墙除外）上方绘有 108 尊佛像，北壁绘有吉祥天母像、宝光佛像、四臂观音像、财宝天王像、背光图案。其中，财宝天王像的绘制比例比其他殿内的更加高挑，盔甲、衣着绘制精细（图 3-1-40、图 3-1-41）。

西壁绘有十八尊佛像、狮子吼和日光上师像，两个尊像皆为莲花生的八大名号之一。西北壁绘有十八尊佛像、莲花金刚像和爱慧上师像，这两个尊像也为莲花生的八大名号之一。东北壁绘有十八尊佛像、海生金刚像和莲花王像，这两个尊像也为莲花生的八大名号之一。东壁绘有十八尊佛像、释迦狮子像和忿怒金刚像，这两个尊像也为莲花生的八大名号之一（图 3-1-42）。

图 3-1-42 八角庙 释迦狮子和忿怒金刚像

东南壁绘有白梵天像及其伴神像、莲花生像、十八尊佛像。白梵天像左手边的伴神与大雄宝殿佛殿西壁三娘子像身侧的战神十分相似，都是头戴五骷髅冠头盔，背插三角旗，双手持弓箭及长矛，坐于虎皮凳上（图 3-1-43 ~ 图 3-1-45）。

西南壁绘有白哈尔像、具誓铁匠金刚像、罗睺护法像、夜叉紫玛热像、持三

图 3-1-43　八角庙 白梵天及其伴神像　图 3-1-44　八角庙 白梵天像　图 3-1-45　八角庙 白梵天左手边伴神像

股叉护法像、莲花生大师像、十八尊佛像。八角庙壁画风格完全工笔重彩，用笔拘谨，是典型的藏式绘画，且所绘尊像繁杂，种类颇多（图 3-1-46、图 3-1-47）。

美岱召壁画内容十分广泛，既有反映释迦牟尼的佛传图，又有各派祖师、十八罗汉、诸佛、菩萨、佛母、度母、护法诸神、财神、曼陀罗等佛像，美岱召壁画更加体现出中原汉地绘画风格，绘画所反映的历史题材应属于明代。整幅反映蒙古族供养人历史人物的壁画与喇嘛活佛同时出现，反映明代末年内蒙古地区的世俗场景，在其他寺院壁画中是较为少见的。美岱召壁画从绘画题材、艺术风格等多方面体现了明清两代蒙古、藏、满、汉等多民族的融合，体现了蒙古族人民对于汉地艺术以及西藏地区艺术的借鉴融合，继而在其中融入了自身的审美标准、审美意识等，将外来的艺术转化成具有自身特点的艺术表现方式，形成独立的壁画艺术形式。

图 3-1-46　八角庙 白哈尔像

图 3-1-47　八角庙 具誓铁匠金刚像

第二节 昆都仑召壁画

昆都仑召，现坐落于包头市昆都仑区北部的昆都仑河西岸，因与昆都仑河相邻，故俗称“昆都仑召”。清乾隆年间皇帝御赐“法禧寺”匾额，原系乌拉特中公旗旗庙，是乌拉特三大名寺之一，昆都仑召中最早的建筑为“小黄庙”①，整个召庙的建造及落成历时 20 余年。

关于昆都仑召详细的建寺历史，相关文献记载较为简略。据《内蒙古寺庙》记载，“最早建造的是一座小庙，后来在这个基础上扩建，经过二十多年的修建，才逐步形成一座规模较大的寺庙”，这座小庙即建于雍正七年（1729 年）的小黄庙，其前身系“介布仁”庙②，该庙建造时间说法不一，较为可靠的说法为康熙二十六年（1687 年）。雍正七年在中公旗王公的资助下兴建“小黄庙”并逐渐扩建形成昆都仑召。清朝时期的昆都仑召是乌拉特中公旗的旗庙，隶属清朝理藩院管辖，下辖中公旗境内的 34 座属庙。清朝乾隆帝赐名“法禧寺”时期是昆都仑召的极盛时期，在之后的近两百年间，昆都仑召经历了由鼎盛到逐渐衰落的过程。到了民国时期，据《包头民族宗教志稿》一书记载，昆都仑召曾于战乱中遭到严重破坏：1913 年外蒙古军进犯包头，包头城防部司令孔庚的部队趁机烧毁大量召庙，昆都仑召中的一座大殿也未能幸免；1927 年，昆都仑召不断经受过往官兵的滋扰，大量珍贵财物流失。同时，由于放垦政策的实施，昆都仑召的膳召地逐渐缩小、布施骤降，喇嘛也逐年减少。自 1950 年乌拉特中公旗人民政府成立，昆都仑召的状况有所好转。20 世纪 60 年代寺庙严重受损：大殿后的两座小塔楼、西面两座小殿、东面的藏式经堂、东北侧的“楞木横”喇嘛殿、庚毗庙，以及小黄庙后面的三座藏经塔全部被毁，雕像、经书、法器、唐卡等物也荡然无存。但昆都仑召大雄宝殿、小黄庙等 10 余座殿堂与 50 余间僧舍幸存。直至 1980 年人民政府多次拨款对召庙进行复建与修缮，2010 年寺庙进行大规模扩建，现在所见到的大多建筑均为新建。关于昆都仑召的所属辖区，据《昆都仑召文化溯源》记载，中华人民共和国成立后，该召曾先后划归于乌兰察布盟和巴彦淖尔盟，又于 1956 年划入包头地区。包头地区接管后，昆都仑召先后归属于昆都仑区和九原区，于 2008 年又重新由昆都仑区统辖（图 3-2-1）。

---

① 政协包头市昆都仑区文史资料委员会. 昆都仑文史资料选编：第 6 辑 [Z]. 1990：214.

② 乔吉，孙利中. 内蒙古寺庙 [M]. 呼和浩特：内蒙古人民出版社，2014：59.

图 3-2-1　昆都仑召 大雄宝殿

寺庙建筑风格为藏式建筑与汉式建筑并存。清乾隆年间，昆都仑召形成了以大雄宝殿为中心，东、西活佛府相呼应的平面布局，四周还建有殿宇楼阁28座，僧房和甲巴（后勤处）60余座，藏经白塔、观音庙、小经堂和八角过亭等，殿宇金碧辉煌，建筑群规模宏大，气势磅礴。据《包头民族宗教志稿》（1996年）一书记载："现在主体建筑仅存在中轴线上的藏式四大天王殿（东侧是九曲庙，西侧是奶奶庙，藏式建筑）；恰克沁独贡（大经堂和佛殿连在一起，藏式建筑）；汉藏建筑结合形式的小黄庙。中轴线以东有东活佛府（汉式四合院），其后有公殿（又称公地），本旗公爷来召下榻之所（藏式建筑）。中轴线以西有大甲巴、藏式建筑汗萨尔殿（乌拉特中公旗祭祖之殿）、汉式建筑西活佛府。几座藏式僧舍和汉式平房小院分布在中轴线左右。"如今，主体建筑群仍建在一中轴线上，轴线以照壁为起点，自南向北依次为四大天王殿、大雄宝殿、藏经阁、小塔楼、小黄庙和三座佛塔，其他建筑，如转经筒殿（原九曲庙）、度母殿（原奶奶庙）、东西活佛府、哈萨尔殿、旗王爷府等殿宇分布在召庙的东西两侧，形成完整的布局。大雄宝殿是召庙中最主要的建筑，整体呈梯形，殿门平面呈"凹"字形，东西突出，整体以白色为主，寺顶为红色，形成强烈的红白对比，是典型的藏式建筑。宗喀巴殿、强巴殿以及玉佛殿于2020年8月动工，正在重建中，已能看出整体轮廓。另外，昆都仑召如今的大门也为2017年重建（图3-2-2、图3-2-3）。

昆都仑召每年定期举办祭敖包、祭火等多种活动，还兼有学校、医院、艺术展馆等功能。此外，昆都仑召还存有大量蒙古、汉、藏、满文经书、塑像、法器及壁画，壁画主要分布于四大天王殿、大雄宝殿、小黄庙、度母殿、转经

图 3-2-2　昆都仑召 大雄宝殿经堂北壁

图 3-2-3　昆都仑召 大雄宝殿经堂中心垂拔空间

筒殿中，其中大雄宝殿四面墙上的壁画已有三百多年的历史，内容丰富，技艺精巧，极为珍贵。

大雄宝殿

昆都仑召的壁画主要见于大雄宝殿经堂中，壁画大部分保护较好，表面已经涂有桐油。经堂内四壁满布清代壁画，南壁为护法神像，北壁为高僧像及十八罗汉像等，东壁绘制了宗喀巴成道故事图，西壁绘制《如意藤本生经释迦牟尼百行传》，“如意藤本生经”题材还出现在离昆都仑召距离较近的五当召中，宗喀巴成道故事图还出现在距离较近的美岱召以及鄂尔多斯地区的乌审召中。

大雄宝殿经堂内南壁正门左右两侧的壁画描绘了八位护法神像，南壁东侧绘有：大白怙主像、吉祥天母像、蓝狮面空行母像、尸陀林主像。壁画中大白怙主站立于莲台上，身形短胖，一面六臂三目，头戴宝石冠，右主手当胸持火焰摩尼宝，左主手托颅碗内有宝瓶，右一手持钺刀，右二手持骷髅鼓，左一手持三叉戟，左二手持金刚板斧，周身置于红色火焰纹背光中，尊像双腿直立，分别各踩一只匍匐的小白象，两只小象臀部相对，呈趴卧状回头相对（图 3-2-4）。

吉祥天母像通身黑蓝色，一面三眼二臂，右手挥舞权杖，左手置于胸前持盛满血的颅器。龇牙露齿，黄发上冲。头冠上有月亮模盘，其上有孔雀羽华盖。穿虎皮围裙，腰上插着拘鬼牌缠着蛇，褡裢上挂着疫病种子袋和三只黑白骰子，坐骑是一头黄骠神骡，神骡的嚼子都是蛇制成的，神骡左右胯部还长着两只眼睛，座下是女人皮，头滴着血倒挂在坐骑左侧，天母侧身骑在骡子上，

图 3-2-4　大白怙主像

凌空飞行，四周风火血海。内蒙古中部地区几乎所有的召庙壁画上都绘制了吉祥天母，但是以昆都仑召这个最为细腻，刻画最为精致，所有细节都处理得很到位（图 3-2-5）。

蓝狮面空行母像身黑蓝色，面孔为狮面，头戴骷髅冠，头发如火焰一样从根部竖起，呲牙卷舌，垂挂人头璎珞，右手持金刚钺刀，左手持嘎巴拉碗，手臂夹天杖，以右腿弯曲左脚直立之姿站立于莲台之上（图 3-2-6）。

图 3-2-5　吉祥天母像

图 3-2-6　蓝狮面空行母像

图 3-2-7　尸陀林主像

图 3-2-8　财源天母像

图 3-2-9　财宝天王像

尸陀林主像身白色，是两具人形骨架，左手托颅碗，右手持人骨棒，双尊身形相貌几乎一模一样，男尊站在海螺上，女尊站在玛瑙贝上，似在舞蹈（图 3-2-7）。

南壁西侧绘有：财源天母、财宝天王、大红司命主、四面四臂怙主四位尊像。财源天母像，身黄色，披天衣，表情恬美宁静，腰身纤细坐于莲台之上。呼和浩特市的大召寺大雄宝殿经堂北壁东侧及包头美岱召大雄宝殿佛堂南壁东侧都绘有财源天母，大召寺壁画中的财源天母为全跏趺坐，头戴宝冠为较常见的五叶冠，禾穗在尊像左肩侧，而昆都仑召大雄宝殿壁画中财源天母的禾穗明确地持于尊像的手中且竖于左肩前，大召寺财源天母莲台前没有宝盆或宝物。美岱召大雄宝殿佛堂壁画中财源天母像的左手托有灰色身相的吐宝鼠，吐出的宝珠与下方莲台正中的宝盆中的宝物相连接，该处莲台与上述昆都仑召财源天母的莲台样式较为一致，但不及昆都仑召莲台刻画精致（图 3-2-8）。

财宝天王像身金色，着金甲戴宝石冠，一面二臂，双目圆睁，右手持宝幢，左手揽一只吐宝兽，宝贝璎珞戴满全身，坐在红鬃白狮上，五官和铠甲衣着都绘制得十分细腻精彩（图 3-2-9）。

姊妹护法像也叫大红司命主，身玛瑙红色，三目怒视，大嘴獠牙，舌头卷起，眉毛头发上冲，右手高扬挥舞利剑，左手拿着敌魔的一颗黄红色心脏递向嘴边，左肘间夹着一支长矛和一副弓箭，弓的皮质感和箭尾的羽毛描绘细腻，矛上飘动黑红色旗，右脚下踩着一匹灰绿色四蹄朝天倒卧的战马，马鬃炸开，姿势生动，左脚下踏着匍匐的被俘者，身穿铠甲，项挂五十个刚割下的人头串成的大项圈，足穿红色高筒靴，红色火焰环身，威立在莲花座上（图3-2-10）。

四面四臂怙主像为黑蓝色，怒面四臂两足，每面三目，头戴五骷髅冠，须发上冲，居中面为黑蓝色，左面为红色，右面为白色，顶部面为烟色，右一手持金刚钺刀，右二手挥扬金刚剑，左一手持盛满血液的颅器，肘夹宝瓶，左二手持具有人骨头和虎尾幡的利戟，以毒蛇、虎皮为衣，以鲜人头及颅骨为饰，粗体大腹，双足右屈左伸，站立在莲花日月轮座上，背有火焰。尊像身上的璎珞装饰及花纹绘制精致细腻，持钺刀的右手腕上还绘制了骷髅念珠（图 3-2-11）。

图 3-2-10　姊妹护法像

大雄宝殿经堂南壁正门东西两侧的壁画共绘有上述八尊像，每壁四尊，壁画构图较为疏朗，尊像之间的空处以山水绘画作装饰。山水表现较为简单，主要以青绿作为主色调，山的造型较为简单，重叠的层次也较少，山周围环绕有云朵，云纹的表现较程式化，形状较为类似，颜色上有少许变化，但色彩基本属于同一明度。较近山石的描绘相对细致，但结构线条变化较少，较为粗糙，几乎没有皴染表现，使得近处的山石造型感不强，与尊像形象生动精致细微化的描绘形成强烈的对比，使得尊像的绘制表现更加突出，能让观者在观看时首先被尊像的造像所吸引。

西壁绘制三十尊佛坐像，其中以由北至南第十五尊佛像体量最大，是画面的中心。现存第二十一尊到第二十二尊佛像之间壁画纵向处被水浸过。壁画上下以及佛像的间隙处，全部布满释迦牟尼百行传故事，现存三十尊佛像，全为跏趺坐于莲台上。昆都仑召大雄宝殿、五当召苏古沁殿与却依拉殿都以《如意藤本生经释迦牟尼百行传》为题材绘制整墙的壁画，但是在艺术表现及场面描写中形成的效果却有较大差别，昆都仑召与五当召壁画中所表现的风格、颜色、人物着装、背景等都较为一致，同样受到勉唐画派[①]的影响。画面构图密集、人物众多且姿势生动，表情各异，建筑形制也多种多样，细节绘制得十分精彩（图 3-2-12）。

昆都仑召大雄宝殿西壁壁画由南向北依次铺开，共绘有三十一铺壁画，前方大多立有雕像将壁画遮挡，所以有部分壁画无法识别。由南向北由于第一铺和第二铺主尊及下方被前方的大日如来铜像完全遮挡，第一铺仅能看到故事第

① 勉唐画派，又称“门赤画派”，是藏区最大的绘画流派，创始人是勉拉·顿珠嘉措，他出生于洛扎勉唐，勉唐画派由此而得名。杨辉麟．西藏绘画艺术 [M]．拉萨：西藏人民出社，2009：63.

图 3-2-11 四面四臂怙主像

图 3-2-12　西壁局部

四品、第五品，与《释迦牟尼源流之三》相对应，并推测遮挡部分绘制的应是第三品；第二铺仅识别故事第六十八品、第六十九品，与《释迦牟尼源流之二十一》相对应，推测遮挡部分绘制的应是第六十七品与第七十品；由于第三铺至第六铺下方被前方罩铜像的玻璃柜遮挡，无法看到主尊像下方绘制的故事情节，第三铺主尊像释迦牟尼佛右手呈施与愿印，左手结禅定印，结跏趺坐于莲台上，周边故事为第五十八品、第五十九品，对应的是《释迦牟尼源流之十八》，遮挡部分绘制的应是第五十六品、第五十七品；第四铺主尊像释迦牟尼佛双手结说法印，结跏趺坐于莲台上，周边故事为第二品，对应的是《释迦牟尼源流之二》，遮挡部分绘制的应是第一品；第五铺主尊像释迦牟尼佛左手结禅定印，右手当胸施说法印，结跏趺坐于莲台上，周边故事为第十一品、第十二品，对应的是《释迦牟尼源流之五》，遮挡部分绘制的应是第九品、第十品；第六铺主尊像释迦牟尼佛双手呈禅定印，结跏趺坐于莲座上，周边故事为第二十三品，对应的是《释迦牟尼源流之九》，遮挡部分绘制的应是第二十四品：第七铺主尊像释迦牟尼佛双手呈说法印，结跏趺坐于莲台上，周边故事为第十七品至第十九品，对应的是《释迦牟尼源流之七》；第八铺右上方绘制故事图的部分有漫漶现象无法识别画面内容，根据主尊像释迦牟尼佛右手施触地印，左手结禅定印，结跏趺坐于莲台上的造像，周边故事为第十三品至第十五品，对应的是《释迦牟尼源流之六》，推测该部分绘制的故事应为第十六品：

第九铺漫漶严重，仅从释迦牟尼佛像左手结禅定印托钵，右手施无畏印，结跏趺坐于莲台上，莲台前又有一钵，钵中绘有鲜花，则推测该铺绘制的是故事第一百零八品，与《释迦牟尼源流之三十一》相对应；第十铺由于壁画损害严重无法识别，根据已绘壁画进行推测，该铺绘制的故事应是第四十五品至第四十八品，与《释迦牟尼源流之十五》相对应；第十一铺大半壁画受损严重，参考相关文献得知该铺绘制应为第三十三品至第三十六品，与《释迦牟尼源流之十二》相对应（图 3-2-13）。

图 3-2-13　西壁第十一铺受损壁画

第十二铺主尊像释迦牟尼佛左手结禅定印，右手施触地印，结跏趺坐于莲台上，周边故事为第二十九品至第三十二品，对应的是《释迦牟尼源流之十一》；第十三铺主尊像释迦牟尼佛左手结禅定印持钵，右手施无畏印，结跏趺坐于莲台上，周边故事为第一百零四品至第一百零七品，对应的是《释迦牟尼源流之三十》；第十四铺壁画下方漫漶严重，根据主尊像释迦牟尼佛双手置于膝上呈禅定印，结跏趺坐于莲台上的造像，与周边故事为第四十三品、第四十四品，对应的是《释迦牟尼源流之十四》，推测病害处原本绘制的应是故事第四十二品；第十五铺主尊像释迦牟尼佛左手结禅定印，右手施与愿印，结跏趺坐于莲台上，周边故事为第九十六品至第九十九品，对应的是《释迦牟尼源流之二十八》；第十六铺主尊像释迦牟尼佛双手置于胸前结传法轮印，结跏趺坐于莲台上，周边故事为第九十三品至第九十五品，与《释迦牟尼源流之二十七》相对应，但原版的该铺壁画绘制有四品，因此还有第九十二品故事未在该铺识别到。

第十七铺为西壁图幅最大的一铺壁画，正中的主尊像释迦牟尼佛呈成道相，左手结禅定印托钵，右手施触地印，结跏趺坐于莲台上，下承须弥狮子座，法座前左右绘制弟子舍利弗与目犍连，在主尊像周边环绕绘制护法神像，对应的是《释迦牟尼源流首幅》（图 3-2-14）。

第十八铺主尊像释迦牟尼佛左手结禅定印，右手施与愿印，结跏趺坐于莲台上，周边故事为第三十七品、第三十九品、第四十一品，对应的是《释迦牟尼源流之十三》，但原版中该铺壁画绘制有五品，还有第三十八品与第四十品未绘制，可能与该壁壁画位置有限有关；第十九铺主尊像释迦牟尼佛双手于身

图 3-2-14　西壁第十七铺

图 3-2-15　西壁第十九铺

图 3-2-16　西壁第二十二铺

前结禅定印，结跏趺坐于莲台上，周边故事为第六品至第八品，对应的是《释迦牟尼源流之四》(图 3-2-15)。

第二十铺主尊像释迦牟尼佛左手结禅定印，右手结说法印，结跏趺坐于莲台上，周边故事为第二十五品至第二十八品，对应的是《释迦牟尼源流之十》；第二十一铺主尊像释迦牟尼佛双手结禅定印，结跏趺坐于莲台上，周边故事为第八十品至第八十三品，对应的是《释迦牟尼源流之二十四》；第二十二铺主尊像释迦牟尼佛左手呈禅定印，右手结降服印，结跏趺坐于莲台上，周边故事为第四十九品至第五十二品，对应的是《释迦牟尼源流之十六》(图3-2-16)。

第二十三铺主尊像释迦牟尼佛左手结禅定印，右手呈说法印，结跏趺坐于莲台上，周边故事为第八十四品至第八十七品，对应的是《释迦牟尼源流之二十五》(图 3-2-17)。

第二十四铺主尊像释迦牟尼佛左手结禅定印，右手施与愿印，结跏趺坐于莲台上，周边故事为第七十五品至第七十九品，对应的是《释迦牟尼源流之二十三》(图 3-2-18)。

第二十五铺主尊像释迦牟尼佛双手置于膝上结禅定印，结跏趺坐于莲台上，主尊下部有部分病害，仅识别出周边故事为第一百零一品至第一百零三品，对应的是《释迦牟尼源流之二十九》，与原版对比推测病害处绘制的应是第一百品故事；第二十六铺主尊像释迦牟尼佛左手呈禅定印，右手施触地印，结跏趺坐于莲台上，周边故事为第八十八品至第九十一品，对应的是《释迦牟尼源流之二十六》；第二十七铺至第二十九铺下方被前方罩铜像的玻璃柜、关

图 3-2-17 西壁第二十三铺

图 3-2-18 西壁第二十四铺

公像等法事器物遮挡，无法看到主尊像下方绘制的故事情节，仅根据主尊造像与上方未遮挡壁画进行识别，第二十七铺主尊像释迦牟尼佛左手呈禅定印，右手结说法印，结跏趺坐于莲台上，主尊像上部绘制故事为六十四品，与《释迦牟尼源流之二十》相对应，下方遮挡处绘制故事应为第六十五品与第六十六品；第二十八铺主尊像释迦牟尼佛双手于胸前结说法印，结跏趺坐于莲台上，周边绘制故事为第五十四品、第五十五品，与《释迦牟尼源流之十七》相对应，下方遮挡处绘制故事应为第五十三品；第二十九铺主尊像释迦牟尼佛左手接禅定印，右手施与愿印，结跏趺坐于莲台上，莲台前绘制一钵盂，钵内绘有罗汉果，主尊像上方绘有故事第七十三品、第七十四品，与《释迦牟尼源流之二十二》相对应，下方遮挡处绘制故事应为第七十一品与第七十二品；第三十铺由于病害严重无法识别，据相关文献记载，该铺绘制内容应为故事第六十品至第六十三品，与《释迦牟尼源流之十九》相对应；第三十一铺主尊像释迦牟尼佛左手结禅定印，右手施与愿印，结跏趺坐于莲台上，下方有柜子遮挡无法识别，主尊像上部绘制的故事为第二十二品，与《释迦牟尼源流之八》相对应，因此推测遮挡部分绘制故事为第二十品与第二十一品。

东壁主要描绘的是宗喀巴成道的故事，由六组壁画组成，画面中共绘有大尊像六尊，依南向北第四尊形体最大，是画面的中心。第一组壁画中心宗喀巴主像，头戴黄色通人冠，身着三法衣，左手托金刚轮并握青莲花茎，左肩智慧剑与经典置于绽开的莲花中，右手施与愿印，全跏趺端坐于莲花座上，众多场景图环绕在其周围，主尊下方绘有大昭寺祈愿大会时的盛大场景。左右两侧绘

图 3-2-19 东壁第一组壁画 宗喀巴像

图 3-2-20 东壁第二组壁画 宗喀巴像

制宗喀巴讲经说法、接受供养等场景。主尊像上部绘有宗喀巴大师亲见妙音佛母以及三十五佛现身的场景（图 3-2-19）。

第二组壁画宗喀巴像面部损毁严重，大师全跏趺坐于莲花座上，双手于胸前施说法印，右手手握莲花茎，右肩有莲花绽开，经书与智慧剑依次位于莲花中。宗喀巴左膝侧绘有三本摞成一摞的经书，与周边讲学的场景联系推测，三本经书代表着该铺壁画的内容，宗喀巴大师前往各地学习静修、讲经授法。主尊像上部绘有宗喀巴大师于丹萨替寺拜见金厄哇上师，以及在却隆寺修行洞中静修时亲见弥勒佛示现的场景（图 3-2-20）。

第三组壁画正中大师像右手施触地印、左手施无畏印，全跏趺坐于莲花座上，其右肩上方绘制由祥云引出坐落在山海中的宫殿。主像上部绘有三十五佛、文殊菩萨、六臂怙主等诸像在天空云集的场景。右侧主要讲述大师早期求学时的故事，如前往琼波活佛处学习密法、与邬玛巴祈祷文殊菩萨现身以及在夏鲁寺师从仁青南杰学习密宗法的场景（图 3-2-21）。

图 3-2-21 东壁第三组壁画 宗喀巴像

最中心处为第四组壁画，壁画正中绘有宗喀巴与两弟子贾曹杰与克珠杰的

图 3-2-22　东壁第四组壁画 宗喀巴像

图 3-2-23　东壁第四组壁画 贾曹杰像

图 3-2-24　东壁第四组壁画 克珠杰像

师徒三尊像，位于中央的宗喀巴头戴黄色通人冠，身着三法衣，双手于胸前结说法印，并手握青莲花茎，左右两肩肩花分别托举着经书与宝剑，金刚跏趺坐于莲花座上。宗喀巴右手侧为贾曹杰，其右手施说法印，同样坐于宝座上，座前设有供台。左手侧为克珠杰像，其左手持经书，坐于宝座之上，座前设有供台。在师徒三尊像顶部绘有宗喀巴的主尊像文殊菩萨，左右两侧绘有宗喀巴大师在各地举办法会的场景（图 3-2-22～图 3-2-24）。

第五组壁画主像漫漶严重，宗喀巴头部及面部已不可辨清，但可以看见其左手施说法印，并手握莲花茎，左肩莲花上置经书及宝剑，右手施触地印，全跏趺坐于莲座。主像下部绘有护法神像，左右两侧还绘有大师后期走访各地讲经说法的场景（图 3-2-25）。

第六组宗喀巴主像与第二组相似，画像中双手结说法印，右手执莲花茎，右肩肩花中置有经书与宝剑，跏趺坐于莲座上，莲座正前方绘有法轮图案。左侧绘有千手观音像，周边其他图幅壁画皆以宗喀巴大师在各地讲经授法的场景为主。在东壁宗喀巴成道故事中，有部分情景是对游牧民族生活场景的描绘，表现出昆都仑召壁画中世俗化的趋势，另外东壁壁画中出现了穿着清代官服官帽的官员形象，这种人物形象突出了画面的时代特征（图 3-2-26）。

东壁壁画的最南端绘有佛寺建筑群，整个画面中的寺院整体看去似连为一体，画面中间最为宏大的建筑是极具代表性的布达拉宫，画面下方的小召庙描绘的应是昆都仑召起初建造时的样貌，上方是黄教三大寺院色拉寺、甘丹寺、哲蚌寺，与布达拉宫相对的是拉萨的大昭寺。壁画以鸟瞰式散点透视法进行表

图 3-2-25　东壁第五组壁画 宗喀巴像

图 3-2-26　东壁第六组壁画 宗喀巴像

达，殿堂参差，院落密布，于建筑之间可以看到寺院中间的活动场景以及供奉的佛像、来往的僧众等，建筑样式基本以各寺院的样貌为蓝本，体现出藏式建筑以及汉藏结合式建筑的样貌。部分寺院之间还穿插建有蒙古包，体现了内蒙古地区的特色。各寺院之间以各自的围墙相隔，画面下方的各个寺院以一条白色细带进行分隔，形成了类似河流的形式。画面以单线平涂为主，设色统一，绘制精致。背景绘有青绿山水，用线设色较简单（图 3-2-27～图 3-2-29）。

东壁北端的部分是独立的绘画内容，描绘了双身时轮金刚像及其眷属像。时轮金刚双身像立于莲台上，身后为橙红色背光，双身时轮金刚大面积被雕塑遮

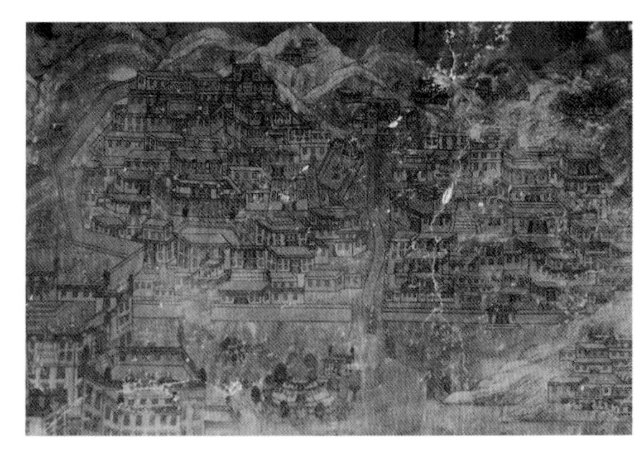

图 3-2-27　东壁壁画 佛寺建筑（局部一）

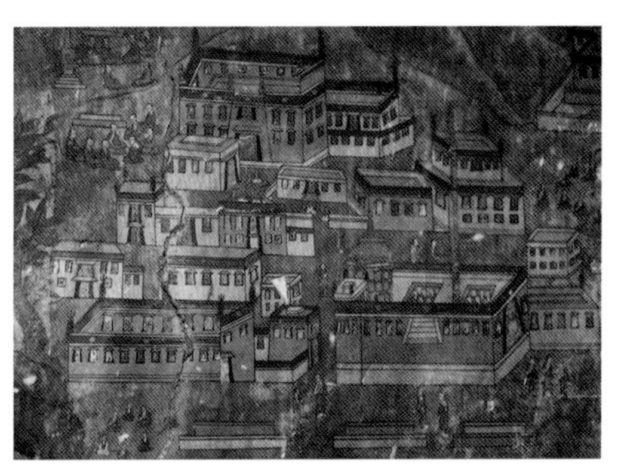

图 3-2-28　东壁壁画 佛寺建筑（局部二）

挡，无法观察其全貌，但仍可以清晰辨认主尊像左侧的手臂以及手中的持物。主尊像南、北两侧各纵排三位眷属。主尊像南侧最下方尊像为双身大轮金刚手，主尊北侧最下方的尊像为马头明王。

图 3-2-29 东壁壁画 佛寺建筑（局部三）

北壁西侧一铺壁画的主尊像为大白伞盖佛母，画像为右展姿，脚下踩千人头。部分被前面雕像遮挡无法看清。北壁西侧所绘主尊像大白伞盖佛母的样式是清代较为常见的，即时常独立地作为绘画题材出现在壁画样式中，此组壁画尊像之间所穿插的山水画的描绘，与南壁中的绘画风格一致，背景的主色调仍以绿色为主，只是此组壁画背景中山石的描绘略为精到，有了少许的晕染皴擦出现，使山石的表现效果呈现立体化。

北壁东侧一组壁画与西面一组壁画大小相似，构图方式也基本一致。此铺壁画的主尊像是双身金刚持，尊像间空处所绘的山水画，绘画形式及风格与对应的以大白伞盖佛母为主尊的壁画一致，下方的水纹描绘与南壁吉祥天母下方血海的描绘，除了颜色有差异，水纹的形态描绘基本一致，都属于较为程式化的表现方式。

北壁中间的壁画主尊像是一位红衣僧人，坐于高台上，头戴黄帽，右手当胸作说法印，手中拈有莲茎，左手置于腹部托一金色宝瓶。面前有供桌及宝盆，左肩侧升起莲花，莲花上有经卷，尊像后有圆形的头光和华美的背座，前有供桌，应是一位黄教大成就者。主尊像左侧即西侧是一尊高僧像，尊像正面，面露微笑坐于台座，身着喇嘛装，右手当胸，手心向内，手持一嘎巴拉鼓，壁画前的雕像遮挡了部分壁画，但从间隙看可见左臂下垂并外张，尊像座前有供案，桌上摆有净瓶、宝瓶、碗、钵等供物，尊像后有圆形身光和头光，背光外环绕有一周植物装饰，再外环绕有云纹。与此尊相对位置，即位于中间莲花帽主尊像东侧的是一尊格鲁派黄帽高僧像，头戴尖顶黄帽，表情庄严，身着喇嘛装，右手当胸作说法印，左手位腹部禅定托钵，钵中描绘有翻腾的水纹及高耸的山石。画像前也有供桌，桌被前面摆放的雕像遮挡，只可见桌上有白海螺及金刚铃各一，在上述的两尊像旁边，各有一尊身量较小的画像。年长画像的旁边是一尊黄帽僧人像，面侧向年长者，头戴尖顶黄帽，身穿喇嘛装，右

图 3-2-30 高僧像

图 3-2-31 阿氏多尊者

手当胸作说法印，左手托钵，右肩侧升起一朵莲花，画像外环绕粉红色的云朵。相对称的是一头戴莲花帽的人像，同为坐像，面部微侧向西面，身穿喇嘛装，右手当胸作说法印，左手位于腹部并托打开的经书（图 3-2-30）。

北壁两侧其余地方绘有十八罗汉像，左右各九位，每侧分为上排五位，下排四位。西侧上排由西向东依次为：阿氏多尊者、迦罗迦伐蹉尊者、伐那婆斯尊者、伐阇罗佛多尊者、因竭陀尊者，下排由西向东依次为：布袋和尚、跋陀罗尊者、迦里迦尊者、迦诺迦跋黎堕阇尊者。东侧上排由西向东依次为：巴沽拉尊者、注荼半托迦尊者、半托迦尊者、苏频陀尊者、阿秘特尊者，下排依次为：罗睺罗尊者、宾度罗跋罗堕尊者、那迦希尊者、羯摩札拉尊者。昆都仑召绘制的罗汉相貌是几处十八罗汉壁画中最具异域特色的，几乎不显现中原汉地的绘画风貌。

壁画中阿氏多尊者像从肤色到形象都更接近印度人模样，尊者高鼻梁、大鼻子，鼻下的两撇胡子极具异域风格，身右侧绘有一棵结满果实的树，身左侧绘有三个身形较小的侍者，与尊者穿着一样的僧袍（图 3-2-31）。

阿氏多尊者像旁边的迦罗迦伐蹉尊者手持宝石璎珞，双跏趺坐于台上，尊者右侧身后有赶象的侍者，一头白象头部靠近尊者右手宝石，似要一口咬住宝石（图 3-2-32）。

迦罗迦伐蹉尊者像与伐那婆斯尊者像之间还绘制了一个典型的婆罗门僧人

图 3-2-32　迦罗迦伐蹉尊者像

形象（图 3-2-33）。

图 3-2-33 伐那婆斯尊者像

布袋和尚像袒胸而坐，留有络腮胡，被描绘成一个有着异域长相的老者，身着青色僧袍，右手执珠串，左手托桃，有一儿童掸在尊者左手小指上，似要上到手上拿桃，尊者右侧身后绘有一儿童背对尊者正要摘花。虽然儿童形象比例更似少年或者成人比例，但是整个画面绘制生动有趣（图 3-2-34）。

苏频陀尊者像双手当胸捧经，身背后绘有云彩，尊者绘制得唇厚鼻阔，还有两撇上翘的小胡子，尽显异域形象（图 3-2-35）。

下方的那迦希尊者像手中应持有法钵和禅杖，但在此处的壁画中，尊者手中所持并非法钵而是插有翎毛的银色礼瓶，而乌素图召长寿寺和席力图召古佛

图 3-2-34 布袋和尚像

图 3-2-35　苏频陀尊者像

图 3-2-36　注茶半托迦尊者像

图 3-2-37　半托迦尊者像

图 3-2-38　伐阇罗佛多尊者像

图 3-2-39　宾度罗跋罗堕尊者像

殿壁画中的那迦希尊者手中都持一金色宝瓶，只有该处持物为插翎毛的礼瓶。而且尊者面貌也是高鼻梁的异域样貌。注茶半托迦尊者和半托迦尊者形象绘制的与通常的粉本较相似，没有强烈的域外风貌。注茶半托迦尊者面容慈祥，双手置脐前结禅定印，半托迦尊者面相慈善，目视右前方，右手当胸结礼供印，左手托经书（图 3-2-36、图 3-2-37）。

伐阇罗佛多尊者被描绘为老人的模样，完全不似大召和席力图召绘制的同一个尊者形象（图 3-2-38）。宾度罗跋罗堕尊者留着络腮胡，也颇有胡僧风格（图 3-2-39）。羯摩札拉尊者相貌透露出异域化的样貌特征，与绘于内蒙古中部地区其他寺院壁画中的样貌有较大区别，席力图召和大召壁画中的羯摩札拉尊者与之比较显得极具汉地特征。

昆都仑召四壁的壁画构图较满，在表现释迦牟尼故事和宗喀巴成道故事时以繁密的情节加以表现，壁画构图紧密满布，细节绘制精彩。相比其他召庙壁画绘制的相同题材，极具自身风格。壁画艺术在颜色表现上体现出较强的地方特色，壁画的色彩表现与五当召的大部分壁画较为类似，这与蒙古族的审美爱好有一定的关系。在壁画中，整体上颜色较为鲜艳，对比较为强烈，画面中较多用到红色，红色成为多用于描绘主要画像的色彩，与之相对应的就是大面积的绿色，绿色在画面中是使用最为大宗的颜色，多用作描绘山石树木等风景背景，与主体人物色调形成较为鲜明的对比。绘画技法及表现效果，与五当召壁画类似。护法神的相貌和色彩及细节处理都有一定的共同点。壁画中的山石、树木、云纹等配景装饰的绘制程式感较强，形态几乎一致，只是在排列组合上稍有差别，形成背景的效果也显得程式化，背景中的皴染表现得比较单一，变化较少，建筑界画则表现得金碧辉煌，相对背景中山石、树木、云纹等的表现显得更为精致细腻，表现了较多灵活多变的建筑样式。壁画的主要情节以及主要画像以外的空间背景中无处不描绘有山水，山水画的基本形态来源于中国传统山水画的表现方式，但是简单于中国传统卷轴画中的山水，皴擦点染也显粗略，作为背景充分突出了主要对象。在颜色的运用上，以青绿色作为背景的主要颜色，反映出来的整体色彩则仍旧以红色为主体，这种色彩的运用充分体现出蒙古族人民的喜好。在人物的描绘中充分展现了画师高超的写实技巧。昆都仑召壁画艺术具有清代地域性和民族性的典型特征，对进一步深入研究清代的壁画艺术具有重大参考价值。

第三节　五当召壁画

五当召，现位于包头市石拐区东北约 45 千米的吉忽伦图苏木（苏木，属乡级行政区）五当沟内的大青山之阳。清廷赐名“广觉寺”，后因庙宇前面有名为“五当沟”的峡谷，又被称为“五当召”。该寺经清康熙、乾隆、嘉庆、道光、光绪年间的多次扩建，逐步形成如今的规模。它与西藏的布达拉宫、青海的塔尔寺和甘肃的拉卜楞寺齐名，在内蒙古和西藏地区享有很高的声誉。同时，五当召在当时是一座政教合一的寺庙，也是内蒙古自治区现存最大的藏传佛教寺院。

五当召的创建和繁盛与该召第一世活佛有着密不可分的关系，第一世活佛本名罗藏坚赞，法名阿旺曲日莫，于1696年出生于内蒙古土默特部，是清代驻京八大呼图克图之一[①]。乾隆十四年（1749年），阿旺曲日莫在五当沟开始兴建寺庙，最先盖起色木沁宫（苏卜盖陵前身），并于春季建成洞阔尔殿及大厨房，后成立洞阔尔学部，讲授有关经典。乾隆十五年（1750年），在洞阔尔殿西侧建成当圪希德殿又称“驯服殿”。乾隆十九年（1754年），达赖七世为寺庙赐名“巴达格尔禅林”。乾隆二十一年（1756年），乾隆皇帝赐予亲笔书写满、蒙古、藏、汉四种文字的“广觉寺”匾额，现仍悬挂于洞阔尔殿门正中。乾隆二十二年（1757年），阿旺曲日莫主持兴建了苏古沁殿，该殿是迄今为止五当召最雄伟的建筑。次年，在寺庙北部三公里处的山中修建了庚毗庙。阿旺曲日莫圆寂后，五当召的修建并未停止，陆续于乾隆年间修建了洞阔尔活佛府和甘珠尔活佛府。嘉庆年间建造了阿会殿，道光年间先后建成了却伊拉殿和章嘉活佛府。五当召中建造最晚的喇弥仁殿落成于清光绪十八年（1892年）。自此以后，召庙再无加建。20世纪60年代，召庙中的文献资料及建筑均受到不同程度的损毁，其中，经堂东南侧二层的郝拉银殿（远方修行殿）和一层减食修行殿（努尼殿），以及庚毗殿均不复存在。自20世纪80年代起，人民政府拨款对五当召进行修复并建立起管理机制，使其逐渐恢复了往昔的光辉（图3-3-1、图3-3-2）。

五当召的主体建筑，以八大经堂（现存六座）、三座活佛府邸和一幢安放历世活佛舍利塔的灵堂组成；另有90余栋（现存40余栋）白色藏式僧房以及其他附属建筑，寺庙建筑共2500余间，占地面积达20公顷。其整体布局是以

图3-3-1 五当召 苏古沁殿

图3-3-2 五当召 苏古沁殿内部

① 乔吉. 内蒙古寺庙[M]. 呼和浩特：内蒙古人民出版社，2003：75.

主要殿堂为主体，其他建筑散落在四周而形成的，该建筑群规模宏大，外墙涂白灰，均为深基厚墙平顶的典型藏式殿宇，显得十分庄严。这种独特的建筑结构和形式，在内蒙古现有的藏传佛教寺庙中是独一无二的。现存的六大经堂分别为时轮学部殿、大经堂殿（如内地寺庙的大雄宝殿）、金刚殿、密宗学部殿、显宗学部经堂殿和菩提道学部经堂殿。殿内塑像、壁画、唐卡俱全，各殿中的造像各具特色。三座活佛府邸位于阿会殿南侧，其中洞阔尔活佛府规模宏大，为第二世活佛热西尼玛于乾隆五十四年（1789 年）所建。洞阔尔活佛府的西侧南北分别是为接待甘珠尔活佛和章嘉国师而建造的两座府邸。五当召是内蒙古地区唯一保存完整的藏式建筑群，除建筑本身及殿宇中的造像外，召庙中的壁画总面积达 1050 平方米，具有很高的史料和艺术价值（图 3-3-3～图 3-3-5）。

图 3-3-3　五当召 洞阔尔殿

图 3-3-4　五当召 喇弥仁殿

图 3-3-5　五当召 阿会殿

一、苏古沁殿

苏古沁殿内壁画主要分布在一楼与二楼，一楼包含殿门外廊、大经堂东西南三壁以及天井，二楼觉卧殿外回廊、觉卧殿北壁以及贡布殿外壁。经堂南壁的壁画绘有白财神像、吉祥天母像、大白伞盖佛母像、降阎魔尊像、六臂怙主像、姊妹护法像。东壁与西壁皆绘有释迦牟尼画像及佛传图，经堂天井绘有无量寿佛像、文殊菩萨及高僧大德像、金刚手像、六臂玛哈嘎拉像，后佛殿小天井绘有无量寿佛像、白度母像、绿度母像、双身大持金刚像、密集金刚像。二楼觉卧殿外回廊绘有九大佛寺壁画，绘制极为精美，九组壁画绘制的分别是西藏的布达拉宫、哲蚌寺、色拉寺、甘丹寺、大昭寺、桑普寺、尼姑寺，山西的五台山和内蒙古的五当召。

苏古沁殿经堂南壁分为东西两侧，东侧依次绘制了白财神像、白拉姆像、吉祥天母像和大白伞盖佛母像。白财神只出现在五当召，本次所调研的其他地方均未见其出现。白财神像身白色，一面二臂，三目圆睁，面部半怒半笑，以五佛冠为头饰，红发上冲，身上以珠宝璎珞为装饰，左手持宝棒，右手高举持三叉戟，具足善富的姿态，以龙为坐骑，龙下方绘制水纹，面前摆有珠宝供物及海螺供物等。尊像及坐骑都绘制得极为精美，龙身上的鳞片用线细腻且通过虚实变化增强了体积感，周围绘有云纹及其四位伴神（图 3-3-6）。

图 3-3-6　苏古沁殿 白财神

壁画所绘白拉姆的造像为寂忿相，独具特色，为一面三目嘴张开的形象，与美岱召和大召的一面二目白拉姆像相比，虽服装、动态一样，但面相、表情大不相似，美岱召与大召绘制的白拉姆皆为寂静相。五当召绘制的白拉姆像与《造像度量经》描述和绘制的白拉姆像基本一致，肤色洁白，头顶高耸发髻戴花冠，耳朵佩戴金色大环，三只细长的眼睛流露出和善的目光，嘴微微张开，身披绿色大衣，内着大红袍，脚下穿红靴，坐于莲座上，右手拿一支白杆的长羽箭，左手端盛满珠宝的碗。尊像周边绘制了十二丹玛护法及其伴神（图 3-3-7）。

吉祥天母像在所调研的壁画范围内几乎都有绘制，五当召苏古沁殿这尊绘

图 3-3-7　苏古沁殿 白拉姆像

图 3-3-8　苏古沁殿 吉祥天母像

图 3-3-9　苏古沁殿 大白伞盖佛母像

制的亦属于精品。画像的所有细节都刻画得精美至极，无论是装饰在身上的璎珞、蛇饰，还是手持的器物及坐骑上的各种代表性挂饰，都有近观看不尽的细节描绘，尊像头顶红发中还绘有一绿鬃白狮昂首大叫，增添了一份画工的巧思，连坐骑黄螺后座的眼睛都绘制得炯炯有神（图 3-3-8）。

苏古沁殿绘制的大白伞盖佛母像也相当精彩，尊像身色洁白，拥有千面，其中二百面为白色，二百面为黄色，二百面为红色，二百面为绿色，二百面为蓝色，这也是五方佛的颜色。第一层面有十七头的、五头的、三头的，都不一样，第一层多头之上相叠着千头，形状似伞盖。每一面都有三只眼睛。有一千条腿，左右各有五百只脚，左脚下踩着世间诸佛，右脚下踩着恶魔。两只主臂，左手当胸持伞柄，右手当胸持法轮，另一只左手执箭，右手下垂结与愿印。身背后的千手执不同的法器，绘制得动感十足。大白伞盖佛母手持白伞盖是其主要标志之一，造像有两种样貌，一种为站姿，忿怒相，另一种为坐姿，寂静相。当大白伞盖佛母从坐姿改变为站姿时，佛母手持的大白伞盖即会变成千手千眼。包头昆都仑召大雄宝殿也绘有大白伞盖佛母像，由于前方有雕塑遮挡，仅从其手持法器与画面绘制的千手千眼局部判断，应为站姿大白伞盖佛母像。乌审召德格都苏莫殿大白伞盖佛母像则为坐姿寂静相（图 3-3-9）。

南壁西侧依次绘制了降阎魔尊像、大白怙主像、六臂怙主像和姊妹护法像。所调研壁画中，只有苏古沁殿的六臂怙主为双身像，其他壁画中出现的六臂怙主皆只绘有主尊像。六臂怙主通身靛蓝色，一面三眼六臂，大嘴獠牙，面呈忿怒相，头戴五骷髅冠，以骷髅项圈和人头项圈为装饰，通身缀满各种珠宝璎珞，还戴有手镯、脚镯、项链、耳环。六只手中右上臂手持骷髅鼓，右下臂手握人骨念

图 3-3-10　苏古沁殿 六臂怙主像

图 3-3-11　苏古沁殿 降阎魔尊像

图 3-3-12　苏古沁殿 大白怙主像

珠，右中臂当胸手持钺刀，左中臂当胸手捧颅碗，左上臂持三叉戟，左下臂持带有金刚杵和钩子的降魔套索，几只手周围还绘制了眼睛。尊像怀抱明妃，站立姿势，右腿弯曲左腿伸直，足踏白色象头神，周身红色火焰环绕（图 3-3-10）。

降阎魔尊像周围的伴神像姿势各异，表情生动，主尊像刻画的细腻程度更不在话下。明妃肩披的鹿皮勾勒得质感极强，鹿角鹿蹄无一不绘制精妙。主尊像身黑蓝色，身形头脸为水牛形，牛角上还仔细绘制了螺旋上升的火焰纹，头戴五骷髅冠，三目圆瞪，描绘得极具体积感，仿佛眼球忿怒地向外突出，头发上竖，发丝中还埋藏一金刚杵的局部，身体四周围有象征愤怒的红色火焰，脖子上挂着人头做的大项圈。右手高举人骷髅棒，左手持套索，双脚踩在一头青色大水牛身上，水牛身上亦装饰满珠宝璎珞，呈抬头嘶吼状（图 3-3-11）。

大白怙主像通体白色，身形短胖，一面六臂，三目圆睁，獠牙卷舌，却完全不似六臂怙主像和降阎魔尊像那么凶悍，神情流露出满足感。头戴宝石冠，通体珠光宝气，上身戴三串珠宝项圈，下半身缀满珠宝装饰，主手左手托着嘎巴拉碗上有宝瓶，主手右手托着象征财富的金刚火焰摩尼宝，左上手持三叉戟，左下手持金刚板斧。右上手持钺刀，右下手持骷髅鼓，双腿直立，双脚各踏一只匍匐的小白象，两只小象面对面，怀抱五彩珠宝，手抓象征财富的萝卜。与其他壁画构图不同的是，两只小象中间绘制一个空行母像，与整体构图浑然一体（图 3-3-12）。

姊妹护法像也称为大红司命主，尊像身体鲜红，三目怒视，大嘴獠牙，舌头卷起，右手高扬挥舞利剑，剑柄为蝎子形状，左手拿着敌魔的一颗黄红色心脏递向嘴边，左肘间夹着一支长矛和一副弓箭，矛头下还绘有一人头，下面飘动黑红色旗。右脚下踩着一匹灰绿色四蹄朝天倒卧的战马，左脚下踏着匍匐的

图 3-3-13　苏古沁殿 姊妹护法像

图 3-3-14　苏古沁殿 西壁（局部一）

被俘者。身穿铠甲，铠甲细节描绘精致，项挂五十个刚割下的人头串成的大项圈，足穿红色高筒靴，红色火焰环身，威立在莲花座上。画像左手侧是姊妹护法的明妃红面女，面孔红色，张大嘴露齿卷舌，戴全身饰，右手持铜剑指向佛法之敌，骑在一头口咬仰卧人头的母狮上。护法像右手侧是姊妹护法的伴神红命主，戴头盔身穿铠甲，右手持红矛，左手挥舞套索，骑在一头狼身上，护法周边还有多个伴神围绕，造型各异，绘制精彩（图 3-3-13）。

苏古沁殿东、西壁全部绘满释迦牟尼佛传图，壁画描绘了释迦牟尼生平及前世的本生和佛传故事，画面每隔两米绘一尊高一米多的释迦牟尼坐像，绘有一百零八个佛教故事，周边密集地绘制了各种建筑、青绿山水、祥云纹样、花草树木，在这些衬景中各种人物穿插绘制其中，画面构图不受时间、空间及透视的影响，围绕着复杂的建筑和主尊展开连续的故事情节描绘，画面场面壮观。两殿壁画中，在每一个故事和主尊的旁边都绘制一个方形白框，内用红色藏语书写了绘制时间，有的还写了绘制者的姓名（图 3-3-14）。

西壁绘有十六铺讲述第一品至第五十二品故事，东壁绘有十五铺讲述第五十三品至第一百零八品故事，且每铺壁画中央都绘制了结不同手印的释迦牟尼佛主尊像。西壁从南向北第一铺绘制第二十品至第二十三品故事，第二铺绘制第十七品至第二十一品故事，第三铺绘制第十三品至第十六品故事，第四铺绘制第九品至第十二品故事，第五铺绘制第六品至第八品故事，第六铺绘制第三品至第五品故事，第七铺绘制第一品、第二品故事。第八铺壁画位于西壁中部绘制的是释迦牟尼源流组画首幅，画面主尊释迦牟尼佛左手结禅定印托钵，右手施触地印，结跏趺坐于莲台上，下承须弥狮子座，法座前左右绘制弟子舍利弗与目犍连，在主尊周边环绕绘制藏密大师、护法神像等尊像。第九铺绘制第二十三品、第二十四品故事，第十铺绘制第二十五品至第二十八品故事，第十一铺绘制第二十九品至第三十二品故事，第十二铺绘制第三十三品至第三十六品故事，第十三铺绘制第三十七品至第四十一品故事，第十四铺绘制第四十二品至第四十四品故事，第十五铺绘制第四十五品至第四十八品故事，第十六铺绘制第四十九品至第五十二品故事（图3-3-15）。

图3-3-15　苏古沁殿 西壁（局部二）

苏古沁殿东壁由北向南接西壁第十六铺壁画开始绘制，第一铺绘制第五十三品至第五十五品故事，第二铺绘制第五十六品至第五十九品，第三铺绘制第六十品至第六十三品，第四铺绘制第六十四品至第六十六品，第五铺绘制第六十七品至第七十品，第六铺绘制第七十一品至第七十四品，第七铺绘制第七十五品至第七十九品，第八铺绘制第八十品至第八十三品，第九铺绘制第八十四品至第八十七品，第十铺绘制第八十八品至第九十一品，第十一铺绘制第九十二品至第九十五品，第十二铺绘制第九十六品至第九十九品，第十三铺绘制第一百品至第一百零三品，第十四铺绘制第一百零四品至第一百零七品，第十五铺绘制第一百零八品。

苏古沁殿和旁边紧挨着的却依拉殿是五当召最大的两座殿堂，苏古沁殿建造年代早于却依拉殿，壁画绘制年代也应相对较早，且却依拉殿壁画是仿照苏古沁殿绘制的。却依拉殿内壁画绘画的内容及位置几乎与苏古沁殿一样，风格稍有差别，部分绘画细节已经损毁，画工比苏古沁殿粗糙很多，在此不再重复描述。

五当召大部分壁画整体的艺术效果与昆都仑召有相近之处，都为清代绘制，两个大殿内均有依照《如意藤本生经》内容绘制而成的释迦牟尼百行传故事，南壁也都绘制了八尊护法神像。壁画中将中原风格的风景画和其他特点融入绘画作品背景，不断地在背景上使用简化的中原汉地青绿色风景画，且兼具藏地风格，又融入内蒙古本地风格，颜色的涂层和晕染浓重，故事排列紧凑、密集，自成规律，壁面中大量出现中原汉地绘画中风景的面貌，用色以及绘画技法都有汉地绘画的体现，壁画的粉本[①]极有可能来源于西藏地区，成熟的艺术

① 粉本指中国古代绘画施粉上样的稿本，召庙壁画的粉本大多来自藏传佛教绘画大师及寺院中专门从事造像艺术的僧人，很多都经过多代师徒相袭。

粉本以及艺术样式都已经得到确立。壁画色彩的运用也体现出蒙古族人民自身的喜好和审美习惯，背景中大量采用绿色，削弱红色的成分，与西藏地区以及中原汉地壁画的色彩面貌形成较大的差别，而这也正是蒙古族壁画的特点所在。

五当召山水画的颜色层次丰富于昆都仑召壁画，壁画更加鲜艳；昆都仑召大雄宝殿壁画中山水的结构表现多借助于黑色线的描绘，但是在苏古沁殿山水画中基本借助于同一色系中颜色差来体现，晕染勾描相当丰富，壁画更加细致精妙。在苏古沁殿壁画中建筑表现较为精细富丽，建筑中的顶、檐及建筑上的装饰都较为复杂，高层建筑较多，使得建筑的等级显得较高，建筑不同空间的处理方式也比较多样化。两处壁画中人物着装基本相同，但昆都仑召壁画中的人物表现，相对于苏古沁殿壁画中的人物表现显得较为刻板，苏古沁殿壁画中的人物关系和动势刻画得更加灵活生动。而相同题材的美岱召大雄宝殿释迦牟尼百行传的构图及表现方式则与五当召和昆都仑召绘制的差别更大。美岱召的壁画构图更加舒朗，不似后两召壁画的密集构图方式，建筑绘制的比较少，样式远不如五当召与昆都仑召的壁画中绘制的形式多样，人物关系和故事中间间隔大面积的绿色平涂和风景衔接，但背景中所绘风景较为粗糙，山石树木的表现较为形式化，呈平面化特征。

二、洞阔尔殿

洞阔尔殿是五当召最早的建筑，前门廊进正殿大门的上方悬挂着清乾隆二十一年（1756 年）乾隆皇帝赐名的汉、满、蒙古、藏文几种字体的“广觉寺”匾额，匾高近一米，边框雕刻二龙戏珠，匾心为蓝底金字（图 3-3-16）。

图 3-3-16　洞阔尔殿 匾额

洞阔尔殿内壁画主要分布在一楼的经堂与佛殿，后佛殿西壁部分壁画因雨浊损坏。洞阔尔经堂南壁的壁画绘有四大天王，均为坐像，以线条勾勒，虚实结合，设色鲜艳。天王的造像面貌是典型的藏式风格，与席力图召古佛殿的汉式风格天王像截然不同。每位天王的头冠、盔甲及法器都绘制得精致细腻，盔甲的纹路各不相同，法衣用线流畅，背

图 3-3-17　洞阔尔殿 持国天王像

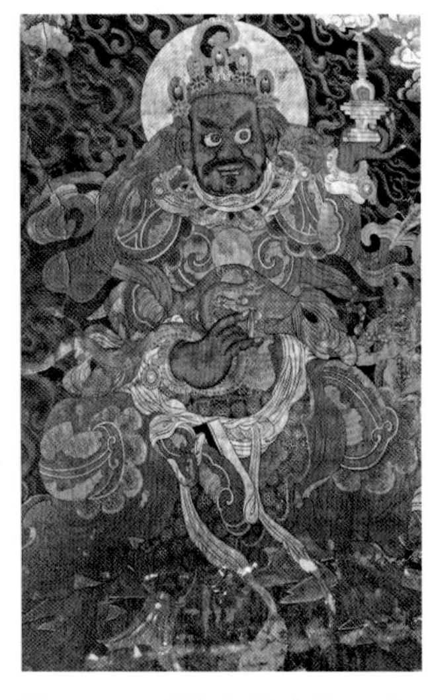

图 3-3-18　洞阔尔殿 广目天王像

图 3-3-19　洞阔尔殿 多闻天王像

图 3-3-20　洞阔尔殿 增长天王像

图 3-3-21　洞阔尔殿 香巴拉国王像

图 3-3-22　洞阔尔殿 甘珠尔活佛像

后云纹或火焰纹密布，四周的伴神细节也很考究（图 3-3-17～图 3-3-20）。

东、西壁分为上下两排，对称排列着香巴拉国的三十三位香巴拉国王像，国王均呈正面像，手拿法器，每尊像下面标有藏文名称。北壁绘有甘珠尔活佛主像及其一百五十尊弟子像，活佛身着僧袍，坐于垫上右手当胸持鼓，左手执法铃，身后绘有背光及法座，背景绘有云纹，与四大天王身后的云纹绘制如出一辙。头顶上方中间绘有一红帽高僧，应为阿底峡像，左右应为米拉日巴像和宗喀巴像。洞阔尔前经堂天井的壁画绘有释迦牟尼像、宗喀巴像等。佛殿壁画分布在佛殿东、西、南三壁以及后佛殿东、西、南三壁。佛殿南壁的壁画绘有菩萨化现图、供养天女像、阿底峡像等高僧大德。佛殿东壁与西壁对称绘制着十八罗汉像，东壁九尊，西壁九尊（图 3-3-21、图 3-3-22）。

三、喇弥仁殿

喇弥仁殿的壁画分布于殿门外廊及殿内南壁，殿门外廊为新绘。殿内东西壁、后壁，所有的空间几乎全部是佛龛，龛内分为若干小格，全部供奉着一模而成的宗喀巴像。南壁绘制壁画，内容为四大天王像、护法诸神像，壁画技法较为细腻工整。1998 年殿前墙体因下沉落架维修，壁画全部揭取，维修完成后旧壁画又复原位。由于墙体内部潮气未干，而旧壁画外罩桐油，致使内部潮气无法外泄，几年之内壁画几乎全部霉变、起甲并脱落，已造成严重的损失。殿内绘制的四大天王与洞阔尔殿的不同，均为立像。壁画虽然表面已经破损不堪，但仍可看出其中的精美。

天王造像依然是藏式风格，天王的盔甲绘制得极尽华美之势，东方持国天王的盔甲上有至少三种花样纹路，其中上身甲片为花瓣状，腰部甲片为编织状，腿部甲片为鱼鳞状，天王的身甲下摆为兽皮，上面还绘制有皮毛的纹理，可见其画工精细。财宝天王的造像除了坐姿与多闻天王几乎一样，手中的吐宝鼠也完全一样。财宝天王坐在红鬃白狮上，身后绘制背光及云纹，周围还绘有植物。降阎魔尊像破损比较严重，很多地方都已脱落，明妃的身体颜色也已部分脱落，但依然可见其面部刻画精彩。尊像足下所踏的水牛及仰面人也已起皮脱落。降阎魔尊像旁边绘制的六臂怙主右手部分被柜子遮挡，但其余可见部分绘制精细，与造像粉本细节相同（图 3-3-23～图 3-3-28）。

图 3-3-23　喇弥仁殿 持国天王像

图 3-3-24　喇弥仁殿 多闻天王像

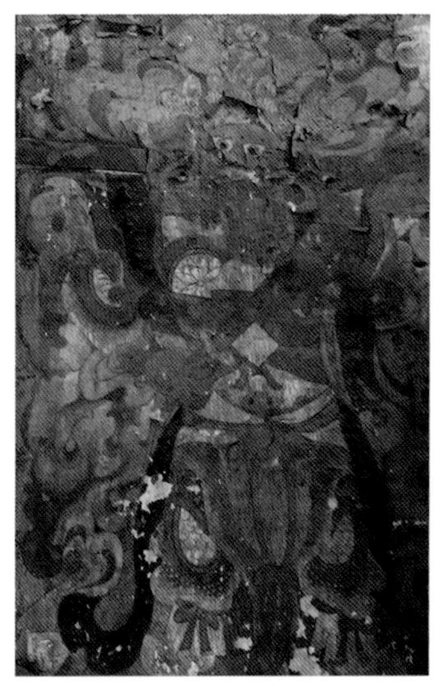

图 3-3-25　喇弥仁殿 增长天王像

图 3-3-26 喇弥仁殿 财宝天王像

图 3-3-27 喇弥仁殿 降阎魔尊像

图 3-3-28 喇弥仁殿 六臂怙主像

四、阿会殿

阿会殿一楼与二楼都有壁画，一楼壁画分布在殿门外廊与殿内的东、西、南三壁，二楼的壁画分布在佛堂的四壁，但佛堂西壁部分壁画遭雨水淋损。殿内南壁的壁画绘有狮面母像、吉祥天母像、大白怙主像、护国护法像、降阎魔尊像、六臂怙主像、财宝天王像、姊妹护法像等（图 3-3-29～图 3-3-31）。

其中，护国护法像在内蒙古中部地区其他壁画中均未出现，画像身色蓝黑，右手执钺刀，左手执盛满献血的嘎巴拉碗，坐骑为疯黑熊，形象为忿怒

图 3-3-29 阿会殿 降阎魔尊像

图 3-3-30 阿会殿 六臂怙主像

图 3-3-31 阿会殿 财宝天王像

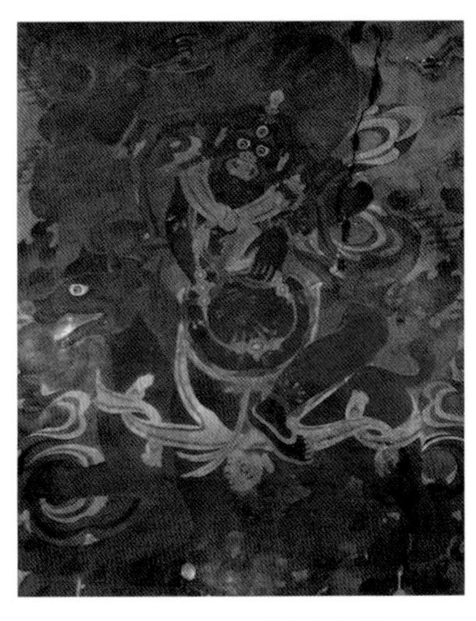

图 3-3-32　阿会殿 护国护法像

图 3-3-33　阿会殿 大白怙主像

相。清代之前，其地位与宝帐怙主、四臂怙主、大白怙主等大略相当，被认为是大黑天七十五尊的主要形象之一。清代之后，其地位逐渐降低，被列为六臂大黑天的五位主要眷属之一。15 世纪以后成为格鲁派的主要护法神，但被认为是极为秘密的法门，不得普传，所以其绘画很少（图 3-3-32）。

大白怙主像的绘画风格及造像方式与苏古沁殿和昆都仑召大雄宝殿的风格更加接近，绘制细致精美，样貌相似，只有脚下踏着的小象朝向不同（图3-3-33）。

东壁绘有六长寿像、和睦四兄弟像，西壁绘有尊胜佛母像。二楼佛堂内，南壁的壁画绘有四大天王像、八大菩萨像、供养菩萨像、伎乐天女像。西壁绘有十八罗汉之九尊像、尊胜佛母及小尊像，东壁绘有十八罗汉之九尊像、白度母像及小尊像。佛堂北壁绘有释迦牟尼佛像及二弟子像、无量寿佛像及小尊像。

五当召壁画由于绘制时间不同，画工来自不同地区和民族，从壁画风格看主要以藏式绘画风格为主，但部分壁画显然具有内地传统绘画特点，或汉藏风格相融。其中，却依拉殿的蒙古文榜题证明有许多绘画是蒙古族僧人和画工完成的，反映了民族文化间的交流。五当召早期壁画绘制完成后画面不罩漆，清晰不反光，而后期的特别是殿堂一楼壁画往往罩以桐油，使壁画颜色发生一定的改变。五当召现存壁画全部为清代及清代以后所绘，年代较晚，保存情况相对良好。壁画中物象的表现体现了蒙古族人民对于壁画艺术图像新的理解，壁画虽仍然以教义中的图像作为主要的表现对象，但是整体趋向于世俗化的体现以及民族化的体现。蒙古族人民将生活中的元素融入壁画艺术，五当召留存的大量清代壁画，独具艺术特色，实属珍贵。

第四章

内蒙古鄂尔多斯召庙建筑壁画

第一节 乌审召壁画

乌审召，又被赐名“钦定甘珠尔经庙”[①]。该召庙曾为伊克昭盟鄂尔多斯右翼前旗（乌审旗）寺庙，现位于鄂尔多斯市西南部乌审旗乌审召苏木所在地，是该旗规模最为宏大的寺庙，也是鄂尔多斯四大召庙之一。其鼎盛时期曾管辖巴音陶勒盖庙、哈西雅图诵经会、查干庙、布日都庙、努恒庙、新庙、陶格其纳日诵经会、拉布隆庙等18座属庙与诵经会。

据《乌审旗志》和《内蒙古藏传佛教建筑》记述，清康熙五十二年（1713年）受命正式建庙，康熙帝赐该召庙“德格庆达木楚格萨楞寺”匾额[②]。雍正十二年（1734年），乌审旗第五任札萨克（王爷）热西斯仁出资修建了30间双层苏克庆都岗（庙堂），又从布达拉宫请来了朝日吉那旺苏日库木当主祀喇嘛。乾隆元年（1736年）至乾隆五年（1740年）间，由西藏地区云游至乌审旗的高僧囊素喇嘛与热西斯仁，在善达河流域的塔本哈日陶勒盖地区修建了乌审召中最早的建筑——德格都苏莫殿，又称“囊素庙”。乾隆二十九年（1764年），八世达赖喇嘛派来达拉哈日巴·罗布桑道尔吉为此庙活佛，其被崇奉为上圣葛根法师。乾隆四十二年（1777年）农历正月十一日，由札萨克固山贝子沙克都尔扎布出钱建立了萨尼德拉僧（宗教哲学院），请沙迪布朝伊木法拉当主祀喇嘛；道光二年（1822年），协理台吉陶迪从安都圣地请来圣活佛，建立了栋克尔拉僧（数学、天文、艺术、占卜、立法学院），并请新沙额尔德尼葛根任主祀喇嘛[③]。道光九年（1829年），新建时轮金刚殿。同治七年（1868年）至同治十年（1871年），乌审召大遭破坏，苏克庆都岗、萨尼德拉僧都岗、热僧都岗、宗喀巴庙和栋克尔拉僧被焚毁。同治十一年（1872年），乌审旗札萨克贝勒巴达尔呼等上布施修复了该庙，将原有30间苏克庆都岗扩建为49间。光绪十四年（1888年），乌审旗各界人士集资，修复了被烧毁的萨尼德拉僧都岗。民国二十三年（1934年），乌审旗札萨克遵照班禅活佛意旨，派贡春格法尔来我国西藏、印度、尼泊尔等地区临摹名塔，返回后在25间房大的地基上开工。由活佛老布藏雅席、旗都统布仁巴雅尔、梅林那木扎拉等人负责建筑工程，从外地聘请能工巧匠，于民国三十一年（1942年）建成扎荣嘎

---

① 包常青．净土梵音乌审召 [J]．内蒙古画报．2008（6）：40-43.

② 乌审旗地方志编纂委员会．乌审旗志 [M]．呼和浩特：内蒙古人民出版社，2001：932-933.

③ 同脚注②933页。

图 4-1-1 乌审召 德格都苏莫殿

沙尔宝塔。随后，在乌审旗历代王爷和各界施主的资助下，乌审召宏大的建筑规模逐渐形成，建成了 24 座大小庙宇共 570 间以及 203 座佛塔①。20 世纪 60 年代，寺庙建筑严重损毁，仅存德都庙、时轮殿、吉祥天女殿、活佛仓佛殿等四座殿宇与一座佛塔；1984 年，人民政府拨款逐年修缮并复建殿堂及院落，至 2006 年修复并健全了该庙的主要建筑（图 4-1-1）。

乌审召的建筑风格为汉藏结合式建筑，据《内蒙古藏传佛教建筑》②记载，20 世纪 60 年代前，召庙中有大小 25 座殿堂，18 座庙仓以及大小佛塔 203 座。乌审召建筑群在历史进程中经历了多次破坏，多数建筑被毁，一度只剩两座殿宇和一座白塔，之后逐渐恢复昔日的光彩。如今寺庙的布局形式为单纵轴布局，轴线上依次为山门、大经堂、钟楼庙、德格都苏莫殿等殿堂，时轮学院、法王殿以及弥勒殿、闻思学院、白塔等建筑分布在轴线左右两侧。其中，作为乌审召最早建造的殿宇，德格都苏莫殿为二层汉式建筑，历来保存情况较好，且具有较高的历史价值（图 4-1-2、图 4-1-3）。

2006 年，乌审召由内蒙古自治区人民政府公布为第四批自治区级重点文物保护单位。乌审召中的建筑、壁画对研究明清以来蒙古地区壁画艺术具有重要的参考价值。其中，德格都苏莫殿中的壁画都是清代所绘，且极具自身特点，壁画中描绘的各护法神、菩萨及宗喀巴等画像都具有较高的艺术研究价值。

① 乌审旗地方志编纂委员会. 乌审旗志 [M]. 呼和浩特：内蒙古人民出版社，2001：933.

② 张鹏举. 内蒙古藏传佛教建筑 1[M]. 北京：中国建筑工业出版社，2012：266-289.

图 4-1-2 乌审召 德格都苏莫殿殿内局部

图 4-1-3 乌审召 德格都苏莫殿殿内西壁

德格都苏莫殿

乌审召曾经是鄂尔多斯地区极为有名的召庙，仅清朝时期就在不断地扩建、重建庙宇，壁画的绘制也随着庙宇的兴建在持续进行着，但由于历史变迁以及一些不可抗力因素，壁画大多已被毁坏，现如今乌审召的清代壁画大多分布于德格都苏莫殿殿内及正门房檐、大经堂天井、时轮金刚殿以及药师佛殿。其中，德格都苏莫殿是乌审召最早建造的庙之一，殿内的壁画绘制在殿外屋檐下和殿内东、西、北三面墙壁上，历经三百多年依旧保存完好，画面上的人物以及藏文提示大多清晰可见。留存的彩绘壁画色泽依旧鲜亮，壁画内容所展现的主题绘制线条细腻柔和、色彩丰富、独具特色。

德格都苏莫殿壁画主要分布于正门房檐及殿内，房檐额枋上的壁画皆为护法尊像，与殿内壁画风格不同，由于没有具体文献资料进行记载，且同治年间乌审召曾有过大型修缮活动，因此推测首次庙宇修缮时间即为房檐壁画重绘时间。大殿屋檐下的额枋上绘制着护法神形象，用线流畅，画工精巧，从西向东依次为：增长天王、大白伞盖佛母、持国天王、尊胜佛母、长寿佛、白度母、广目天王、绿度母以及多闻天王（图 4-1-4）。

南方增长天王像，穿全副甲胄，身青色，瞋目怒视，象征摧伏障碍，手持宝剑。据载增长天王手持宝剑是因为他具有“触毒”的功能，为使不了解此情的众生不误触他的身体而受到伤害，天王便手持宝剑阻挡众生的靠近。又传说，增长天王是南方守护神，而南方又是阎王所居之地，天王以宝剑保护走善

图 4-1-4　额枋局部

图 4-1-5　增长天王像

道的众生不堕入阎王之手，使众生增长善根，由此得名（图 4-1-5）。

东方持国天王像，又名“护国天王”，穿全副甲胄，身白色，手持琵琶。持国天王手持琵琶是因其具有“听毒”的功能，传说持国天王一听到声音，就会伤害发出声音的人或物，为了不伤害众生，便经常弹奏手中的琵琶，以免听到其他任何声音。东方持国天王手持的器物最早应该是中亚的琴，如在《藏族佛画艺术》[①]《藏传佛教圣像解说》等书中的插图所示。画中人物是中国风格还是印度风格决定了他们手中持物的风格样式。在内蒙古地区几个召庙壁画中绘制的持国天王均手持中国传统样式的琵琶，未见与书中一样持物的画像（图 4-1-6）。

西方广目天王像，穿全副甲胄，身红色，右手缠绕一蛇，左手托一宝塔。广目天王具有“看毒”功能，为了防止接触他的人受到伤害，他总是两眼注视着佛塔（图 4-1-7）。

图 4-1-6　持国天王像

图 4-1-7　广目天王像

① 1987 年出版的《藏族佛画艺术》经由编者从塔尔寺等古刹名寺搜集到的部分佛画、草图，加以整理出版，造像处理基本与佛学经典描述相符合。

北方多闻天王像，着甲胄，身黄色，右手持一面“胜幢”，左手揽着一只吐宝兽。据文献载，北方多闻天王具有“口雾之毒”的功能，所以总是紧闭着嘴巴。天王被认为是众夜叉之主，许多夜叉是巨富，他们可满足人们心智和物质财富两方面的需求。天王手中揽着的吐宝兽，便是财富的象征。这只吐宝兽似鼠而不是鼠，是人想象出来的动物，亦可叫宝鼠或银鼠。乌审召德格都苏莫殿屋檐下额枋的四大天王像与五当召洞阔尔殿经堂南壁、美岱召大雄宝殿北壁腰线以下的四大天王均为坐像。席力图召和乌素图召的四大天王则为站像（图4–1–8）。

额枋所绘长寿佛像、尊胜佛母像、白度母像被认为是福寿吉祥的象征，此三佛又被称为“长寿三尊”，是寺庙中常见的绘画组合形式。尊胜佛母又名顶髻尊胜佛母，其样貌为三面八臂，中面和八臂白色，右面黄色，左面蓝色。三面额上各生一眼，头上梳着高髻，戴花冠，主臂两手当胸，右手托着金刚交杵（双金刚）法轮，左手拿着套索，其余六手伸向身体两侧。右侧第一只手托无量光，第二只手持箭，第三只手掌心向外结施愿印；左侧第一只手臂上扬，第二只手持弓，第三只手托一净瓶，瓶中长有一朵青莲花（图4–1–9）。

图4–1–8　多闻天王像

图4–1–9　尊胜佛母像

长寿佛也称无量寿佛，调研时被前面匾额遮挡，但从旁边缝隙中可见其全身橘（土）红色，盘发成髻，戴五佛冠，穿天衣绸裙，身佩珍宝瓔珞，双手结禅定印于膝上，手心置长寿宝瓶，瓶内放一朵吉祥花，两足以金刚跏趺坐于莲花台上。白度母一头二臂，身白色，头戴五佛冠，右手置于膝上结施予印，左手结施依印，无名指拈花枝，枝上三朵花，身着五色天衣绸裙，耳环、手钏、指环、臂圈、脚镯具足，宝珠瓔珞第一串绕颈、第二串绕胸、第三串绕脐，双跏趺坐于莲花月轮上，双手掌心及双脚掌心各绘有一目（图4–1–10）。绿度母一面二臂，身绿色，头戴五佛宝冠。右手结施予印拈乌巴拉花，左手当胸以三宝印拈乌巴拉花枝，枝上的花开在左耳际（图4–1–11）。

图 4-1-10　白度母像

图 4-1-11　绿度母像

大白伞盖佛母有很多形象，比较常见的是千面、千手、千腿的站姿形象，在五当召苏古沁殿及昆都仑召的大雄宝殿皆绘制此尊形象的站姿忿怒相。五当召苏古沁殿的大白伞盖佛母造像与《藏密神明图鉴》《造像度量经》等绘画模本中的大白伞盖佛母造像最为相似，佛母面生三目，身前两只主臂左手持大白伞，右手持宝轮，背有千手皆持法轮、箭、钺刀、金刚杵、弓、金刚索，下有千脚站立于莲台之上，仅在细微处略有不同。乌审召此处为坐姿寂静相，佛母头部微微向右倾斜，三面八臂，每面三目，手中所执器物也与站姿执物略有不同，两只主臂当胸，右手执标志性白伞，左手执胜利幢，右一手执法轮，二手执箭，三手执金刚钩，左一手执金刚杵，左二手执弓，左三手执套索，结跏趺坐于莲台之上（图 4-1-12）。

图 4-1-12　大白伞盖佛母像

大殿东壁南侧为尼普巴传记，北侧为佩尼巴传记、千手千眼观音像及达瓦坚参传记；殿堂西壁为宗喀巴讲经图；殿内东西壁画布局较为松散，以中心构图法和叙事构图法交替出现并配以藏文提示，可清晰辨认出各图所传达的内容。

东壁北侧壁画绘制的内容根据壁画下藏文翻译得出画中的主人公为尼泊尔佩尼巴和成就者达瓦坚参。整幅壁画的构图与南侧尼普巴故事的构图类似，以叙事性构图为主，表现佩尼巴和达瓦坚参出生、修行和学成的故事。所不同的是此组壁画以千手千眼观音像为中心，在其左右分别绘制了体量较小的不空羂索观音和绿度母，且在其周围分别绘制了两组修行者传记。其余壁画分布与同壁南侧壁画分布相同，分为上、中、下三个部分，上部以日月和祥云为主，中部和下部以佩尼巴和达瓦坚参的修行故事与其他场景图为主，山水为辅。壁画展示了两位主人公的各个修行场景和向各僧众的学习场景，其中部分壁画中的人物衣饰展现了绘画时的历史特征（图 4-1-13）。

壁画最北侧绘有供养人一家，下方藏文题记推测第一位成就者佩尼巴应该是该殿供养人的孩子；第二条题记显示“尼泊尔城市”，且画面中男子身穿清代官服头戴官帽，女子身着蒙古族传统服饰，孩童身着红色交领长袍，也从侧面印证了清代藏传佛教在蒙古地区发展至鼎盛（图 4-1-14）。

紧接着上一幅绘制了身着蓝色长袍佩尼巴在八岁时于一处山洞中与吉祥狮子益西桑布相见，得到去印度学习佛法启示的场景。围绕千手观音像分别描绘了三个场景，自上而下内容为：班智达益西桑布与身着袈裟的佩尼巴在印度喀萨巴纳庙相见；身着蓝色长袍佩尼巴向恒河船夫问路，并得到龙王的帮助顺利渡河的场景，及身着袈裟佩尼巴在空行母的相伴下在菩提树下修行。

图 4-1-13　东壁壁画局部

图 4-1-14　佩尼巴传记

图 4-1-15　达瓦坚参与佩尼巴相见

图 4-1-16　达瓦坚参学法

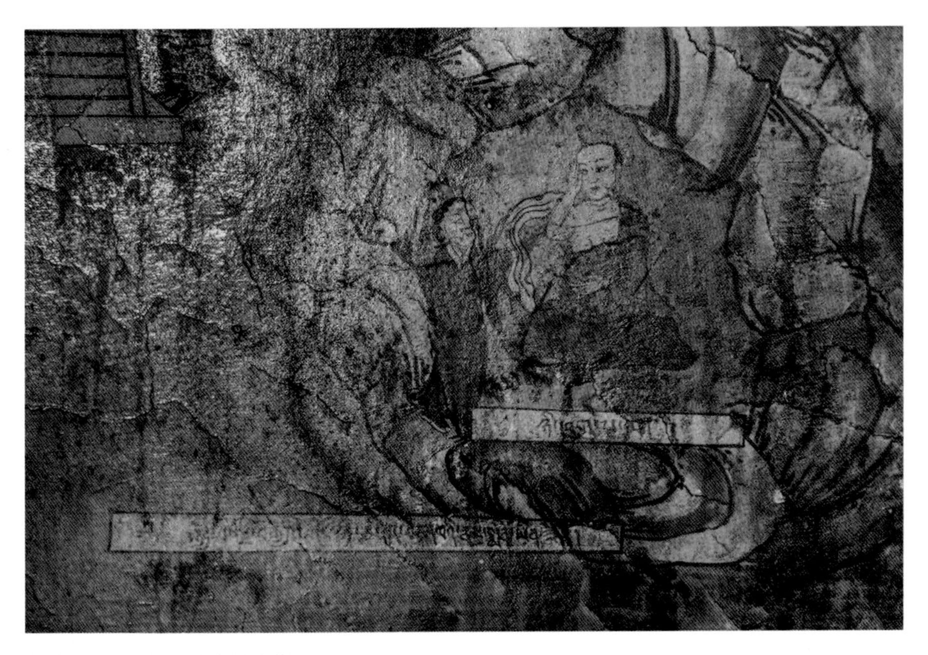

图 4-1-17　达瓦坚参助人像

千手观音像南侧绘制了达瓦坚参的故事。根据下方藏文题记记载，上面两幅分别绘制了出生于阿里普兰县的成就者达瓦坚参出家、修行并与佩尼巴相见的场景（图 4-1-15），以及达瓦坚参与吉隆地区天然满愿菩萨学法的场景（图 4-1-16）。左图讲述了达瓦坚参向阿修罗进献了一些法术的故事。右图讲述了罪业女性向达瓦坚参讲述其过错，达瓦坚参为其洗清罪孽并让她离苦得乐的故事（图 4-1-17）。下面两幅绘有达瓦坚参遍学密法的场景及另一幅供养人像，同样是男子身着清代服饰头戴官帽，女子着传统蒙古族长袍。

紧挨着达瓦坚参的故事的整个东壁南侧都是尼普巴的故事，每幅壁画旁边藏文翻译得出壁画中的主人公皆为成就者尼普巴。整幅壁画以叙事构图为主，基本可分为上、中、下三个部分，上部以日月和祥云为主，中部和下部以尼普巴的修行故事与其他场景图为主，山水为辅，修行故事皆独立成图。壁画展现了人物在不同场所中的状态，或在寺庙中，或在山洞中，或在树下等地方学习、修行的故事，部分故事中的人物、动物处理得比较世俗化。壁画中绘有三种建筑类型：纯藏式建筑、汉藏结合式建筑和纯汉式建筑。壁画底部色彩脱落，露出墙皮，损毁严重。画面中由上至下蛇形排列分别描绘的是阿里达迭桑迦隆（地名）的成就者尼普巴的修行传记。菩提树下修行的比丘尼巴姆。在五彩山洞中修行的僧人，右边是五名身着白袍手举红缨枪、骑在奔跑马背上的士兵样人物，周边还有四只犬状的奔跑着的动物。据下方藏文提示是讲述了尼普巴在山洞中修行，做了七年的斋戒具有了一定的法术，让阿修罗都成了护法神（图 4-1-18）。

尼普巴在郎喀欣佩进行修行，画面中心绘有十一面八臂观音。尼普巴在圣人八思巴的预示下同时建造了寺庙和日僧学院（图 4-1-19）。壁画中间绘制了一位手持红菱的飞天僧人，据藏文提示，画面中的僧人认为脚是不可以放在地面上的，所以就飞走了（图 4-1-20）。

下方绘制了一座三层藏式寺庙，据藏文题注记载为尼普巴梦到西方水晶清净世界。旁边又绘制了一座有长梯的三层藏式寺庙，庙门正中跪坐一僧人，梯子左右两侧各两名手持鲜花的红袍僧人，据记载是尼普巴通过成就梯在法圣座下闻法的场景。尼普巴右手遮眼与手持带状物的空行母，据下方藏文记载：

图 4-1-18　尼普巴在山洞中修行

图 4-1-19　尼普巴建造寺庙和日僧学院

图 4-1-20　飞天僧人像

图 4-1-21　尼普巴修行

五百世之前打了鱼眼睛的报应。壁画中空行母及做顶礼状的尼普巴。旁边接着绘制了空行母邀请成就者尼普巴的场景。成就者尼普巴托梦教诲后往生清净界，众空行母为其庆贺撒花的故事。上方绘制的尼普巴像结禅定印坐于一座四层藏式寺庙二楼，寺庙院落中立有一座白塔（图 4-1-21）。下方绘制了观世音菩萨曾起要救度人间的四十八誓，但是众生造罪业的速度太快，菩萨救不胜救，绝望之下毁其誓约，头就此裂为十块，身手也裂为千片，此时阿弥陀佛前来告诫，说观音不应残害身体，应以扩大法力实现宏愿，并施法将观音四十二段合为一体的故事，也是十一面千手千眼观音化身的由来。由此也说明了壁画北侧绘制千手千眼观音像为主尊的原因。

东壁北侧佩尼巴故事和达瓦坚参故事的中间绘制着千手千眼观音像，在典籍中记载是观音菩萨的变化身，又叫大悲观音。壁画中造像身洁白，有十一面：下三面为中白左红右绿，中三面为中绿左白右红，上三面为中红左绿右白，这九面为静面；再上面是忿怒面，有三眼，发棕色上卷；顶面为佛面。身穿绸裙衣，腰系宝带，中央二手合掌胸前，右二手持水晶念珠，右三手以施胜印，右四手持法轮，左二手持金莲，左三手持净瓶，左四手持弓箭，其余九百九十二手，以施胜印。观音面部五官颇具蒙古族妇女的形象特征，与粉本及其他地方壁画相比独具自身特色（图 4-1-22）。

不空羂索观音像三面四臂，身黄色，身着绸制绿衣红裙，颈戴环形珍珠项链，坐于莲花月轮坐垫上。中间两手做合十印，右手伸出执三叉戟，左手置套索，背光环绕，具足福态。不空羂索观音的形象常因典籍不同而异，一般是一

图 4-1-22　千手千眼观音像

图 4-1-23　不空羂索观音像

图 4-1-24　绿度母像

面二臂或一面四臂，三面四臂的形象较少出现，在所调研的内蒙古中部地区各地壁画中仅在乌审召的壁画中出现过（图 4-1-23）。

绿度母像一头二臂，身绿色，头戴五佛宝冠。右手结施予印拈乌巴拉花，左手当胸以三宝印拈乌巴拉花枝，枝上的花开在左耳际。身着红衣，项戴珊瑚红色的瓔珞宝钏，结半跏趺坐于莲花月光座。据壁画下方藏文提示，该壁画所述为“藏历四月一日绿度母显现”（图 4-1-24）。

此壁画画像中的千手千眼观音、不空羂索观音与绿度母的造型较于其他地区所绘壁画画像的面貌更加圆润柔和，且与传统蒙古族妇女的面貌较为相似：面相丰满且宽、侧面扁平、长目弯眉、宽鼻翼、小口，身材偏壮硕，下颌及颈下饰有游丝线条，表现出肌肉的纹理和质感。对比在大殿外额枋下绘制的绿度母，画法和形象更是大相径庭。

在德格都苏莫殿北壁东、西两侧各绘制了一幅护法像，北壁东侧壁画形象呈一面二臂，面上有三眼，身白色，戴珍宝帽，着红装，骑于狮子上。右手持法轮，左手捧珍宝盆，背有火纹，右腿盘膝、左腿微屈向外伸做游戏姿。此护法神形象没有出现在所调研区域内的其他壁画中，也没有与之完全重合的粉本或线稿出现在查阅的资料典籍上。内蒙古中部地区各个召庙的壁画中均多次出现财神的形象，如财宝天王、多闻天王，坐骑都是绿鬃狮子，头戴宝石宝冠；大白怙主，头戴宝冠，左手托宝盆；黄财神、黑财神等画像中皆出现摩尼宝珠、宝盆等物。此像虽双手持物与上述代表财神含义的护法神完全相同，但是通过坐骑、发冠和手执物等基本判定为财神像（图 4-1-25）。

北壁西侧绘制有战神像，根据壁画中的红色藏语翻译，部分内容为“护法神你是最大的，求你保佑这一村子……（由于壁画留存的时间较长，部分墙体脱落，使得壁画文字有部分难以辨认）”。壁画中的人物，身骑白马，面白生三目、面相丰满圆润，全身着盔甲似武将装扮，头盔上有红色盔缨，软甲上花纹线条刻画细腻，色泽艳丽，身上服饰以红、黄、蓝、绿为主。右手高举执挂彩旗的长箭，左手执套索。这一壁画形象与《藏传佛教神明图谱护法神》一书中的战神形象非常吻合。书中形容战神：肤色白，一面二臂，右手执彩箭，左手执羂索，成年男子貌，缟衣丝巾，珍宝加身，腰别三兵，乘骑白马。西藏的战神五守舍神中的一位被描绘成身白色、面带笑容的青年男子，着盔甲穿高靴，骑白马，腰缠弓箭袋，右手挥舞缚有旗帜的长矛，左手持绳套。《西藏的神灵和鬼怪》的战神目录下还记载了一位保护宾客神，这位神灵被描绘成白色的三眼男子，身上发出如同水晶一样的光芒。宾客神身穿白盔甲、金胸甲，右手挥舞缚有白旗的长矛，左手也持鹰皮口袋，坐骑是一匹白如海螺的马。此记载描绘的形象也与壁画非常接近，虽然无法准确认定壁画中是哪位战神，但通过壁画下面的藏文和粉本图像，与文书记载对比可知此护法神为战神类下的一位（图 4-1-26、图 4-1-27）。

图 4-1-25　财神像

图 4-1-26　战神像

图 4-1-27　《藏传佛教神明图谱护法神》中的战神像

北壁战神和财神的中间绘有三幅主尊像，由西向东分别为：莲花生、寂护和赤松德赞，这是召庙壁画中常见的绘画组合形式“师君三尊”。以帷幔背景进行分隔，使三幅画像独立成幅，但每幅图像前都有神像雕塑遮挡无法窥其全貌，仅以局部形象及手持器物等特点进行辨认。中间绘制的为寂护像，藏语名为希瓦措，是桑耶寺的创始人之一。尊像双手持两卷经书置于胸前，背后饰有宝瓶与一摞经书，图像下方藏文题注翻译得出“戒除邪念，希瓦西措大人致敬”。由此可确定，德格都苏莫殿北壁正中绘制的黄帽僧人为寂护大师。寂护西侧壁画因前方雕像遮挡，仅从可见的莲花帽与右手所持金刚杵判断，该幅壁画绘制的是莲花生大师像。寂护东侧尊像头戴五宝冠，面白无须，身披蓝色外衣，内着红色长袍，右手施触地印，左手捻莲花枝，身侧莲花上置慧剑。《藏传佛教圣像解说》中对赤松德赞的造像描绘为：头戴宝冠，身着长袍，双手置于胸前各捻一支莲花枝，右侧莲花上放置慧剑，左侧莲花上放置经书。藏传佛教中也把赤松德赞看作文殊菩萨的化身，称之为法王。殿内壁画绘制的尊像与各类绘本中最大的区别是没有胡须，但根据造像、手势、坐姿、法器及“师君三尊”的组合形式进行推断，该尊像绘制的应该是赤松德赞（图 4–1–28）。

图 4–1–28　赤松德赞像

北壁绘制的图像造型、衣着配饰及坐骑，在平涂的基础上加以渲染、点染手法，线条分明，粗细有致，流畅平滑，表现的人物形象有其自身独特的样貌，与内蒙古中部地区其他召庙所绘制壁画不大相同，既展现了蒙古族的民族性格与审美品位，也展示了三百多年前画师们在传承粉本中的自我创新。

西壁所绘为宗喀巴传记壁画，被中间的窗户分为南北两侧，壁画内容分为上、中、下三部分，但下方壁画由于墙体脱落等病害已无法考察。南北两侧壁画共绘有 36 幅独立成幅的故事图，故事内容大多为宗喀巴大师在不同地点讲经弘法的场景，北侧 18 幅图呈并列对称式排列，所绘故事图却没有明显的逻辑顺序；南侧中部上方绘制中心对称式的大幅宗喀巴主尊像，主尊周围的 17 幅画像同样以并列对称式进行绘制。整面壁画中各场景多以寺庙作为背景，个别场景以禅修洞及树木等自然景观为背景，其后描绘山川云海，部分场景底部绘有五彩祥云。整体布局规整，各场景呈三层横向排开，以传法布道的场景局部放大作为主尊像：上部以五彩祥云及日月作为点缀，呈疏散布局；中部以青天作留白处理，各场景按秩序一字排开；下部以山林草地满铺作为背景，各小场景与中部场景横向对应排列。整体画面自上而下，由疏到密，内容也逐渐丰富（图 4-1-29）。

图 4-1-29 西壁壁画（局部一）

画中主尊宗喀巴为头戴黄色通人冠的年轻僧像，身着法衣，金刚跏趺坐于莲台之上，双手在胸前结说法印，右手执莲花茎，两侧莲花置于双肩，右侧莲花上托宝剑，左侧莲花上托经书，主尊像前设有供台，座下十名弟子以贾曹杰与克珠杰为首分立两侧，宗喀巴主尊像的背景是一座多层的汉藏结合式建筑，对照书籍得出该幅图应是宗喀巴 54 岁时在噶丹寺传法布道的场景。主尊下方并排绘制三幅故事图，从左往右依次绘制宗喀巴 63 岁时在色拉寺诵戒会讲比丘戒律；僧众行广大供养，听授诸多教诫的场景；宗喀巴 38 岁时在却隆寺与八弟子在禅修洞禅修，文殊菩萨现真身（图 4-1-30 ~ 图 4-1-35）。

乌审召德格都苏莫殿壁画的构图精巧灵活、逻辑分明、结构清晰，形象刻画生动自然、色彩丰富、层次感强。绘画者在构图时以大小区分画面主次，如

图 4-1-30 西壁壁画（局部二）

图 4-1-31 西壁壁画（局部三）

图 4-1-32　西壁壁画（局部四）

图 4-1-33　西壁壁画（局部五）

图 4-1-34　西壁壁画（局部六）

图 4-1-35　西壁壁画（局部七）

东壁北侧的千手观音像和西壁的宗喀巴像，都以主尊占据着墙壁的主要面积，在画像周围分布着不同的、较小的人物故事、传记等。每幅小的故事壁画下方都有红色藏文提示，使辨认壁画内容有一定的依据。壁面中的内容除了主尊人物或所叙述故事外，还配有衬景，例如植物、祥云、山石等，使画面效果匀称丰富。东壁与西壁的绘画既整体对称，又有细节区别，整个大殿内的壁画极具艺术风格，充分体现了内蒙古中部鄂尔多斯地区独特的壁画艺术形式、审美情趣以及民俗风貌。

第二节　乌兰陶勒盖庙壁画

乌兰陶勒盖庙，位于乌审旗乌兰陶勒盖镇巴彦高乐嘎查，始建于清朝光绪元年（1875 年）。藏文名为“彭素阁确灵”，蒙古文名为“浩特拉·齐古拉森·诺敏·苏莫”，汉语意为“汇众经寺”。因庙宇建造在红砂岩坡底，故取名为“乌兰陶勒盖庙”。1926 年 11 月～1929 年 2 月，内蒙古人民革命军十二团在乌审旗东南部一带巡防，与进犯的陕北军阀、鄂尔多斯封建王公武装对战，大小战斗七十余次，乌兰陶勒盖庙曾多次为十二团前线指挥部总参谋部。1958 年，当地组织引用乌兰陶勒盖庙的名称，组建成立了乌兰陶勒盖人民公社，也是乌兰陶勒盖苏木（现乌兰陶勒盖镇）的由来。2012 年 3 月公布为旗重点文物保护单位。乌兰陶勒盖镇隶属于内蒙古自治区鄂尔多斯市乌审旗，地处乌审旗中东部，东与陕西省榆林市榆阳区马合镇接壤，南、西邻嘎鲁图镇，北接乌审召镇、图克镇，区域面积 1389 平方千米。目前，乌兰陶勒盖庙遗址周边保留至今的还有乌兰陶勒盖敖包和文冠树等（图 4-2-1、图 4-2-2）。

图 4-2-1　乌兰陶勒盖庙

图 4-2-2　乌兰陶勒盖庙 修缮前

乌兰陶勒盖庙庙址较小，每壁以大画面展现不同造像，殿内东壁北侧绘有六臂怙主像，南侧绘制绿度母像；西壁北侧绘有降阎魔尊像，南侧绘白度母像。南壁壁画绘于拱窗四周处，为两组天女图，每组四人，形态近似，皆单脚站于莲台之上，各手捧乐器、祭器，手舞足蹈，眉目清秀，动作轻盈、优美，画面浓艳古朴，色彩鲜艳如新，是乌兰陶勒盖庙的代表性壁画。

东壁所绘六臂怙主像，源于古代印度，梵语名音译“玛哈嘎拉”，故多被称为“六臂玛哈嘎拉”，汉语称为“大黑天”或“大黑护法”。六臂怙主最早由宁玛派由印度带到我国西藏，后来萨迦派和噶举派也对其崇拜、供养。后期的格鲁派尤其尊崇六臂怙主为该教派五大护法神之首席。六臂怙主通身靛蓝色，一面三眼六臂，大嘴獠牙，面呈暴怒相，头侧盘绕一条蛇。头戴五骷髅冠，项挂五十个人头缀成的花环，通身缀满各种饰物，有手镯、脚镯、绿色项链、红色耳环。六只手中右一手持钺刀，左一手捧颅碗，右二手持人骨念珠，左二手持三叉戟，右三手持骷髅骨，左三手持带有金刚杵和钩子的降魔套索。站立姿势，右腿弯曲左腿伸直，足踏白色象头神，周身红色火焰环绕。五当召苏古沁殿、阿会殿、喇弥仁殿，乌素图召庆缘寺大雄宝殿、东厢房，大召大雄宝殿，美岱召大雄宝殿均绘制六臂怙主像。其中，只有五当召苏古沁殿墙壁上绘制的六臂怙主怀抱明妃比较特别。乌兰陶勒盖庙绘制的六臂怙主像与其余召庙所绘相同，皆为单身像，手持法器、衣着细节也均一样（图 4-2-3）。

图 4-2-3　六臂怙主像

西壁北侧绘制的降阎魔尊像，被认为是文殊菩萨降服阎王时变化的身相，是一位智慧护法。降阎魔尊的身形相貌有许多种，调研的几处壁画均为外修像，身黑蓝色，身形头脸为水牛形，头戴五骷髅冠，三目圆瞪，头发上竖，身体四周围有象征愤怒的红色火焰，脖子上挂着人头做的大项圈。右手高举人骷髅棒，左手持套索，双脚踩在一头青色大水牛身上，水牛下面还压着一个叫“挪细”的仰面人，披头散发，四脚朝天，象征男性作恶者。名为“撒门底”的明妃站在水牛身上，肩披鹿皮，头发下垂。右手拿三叉戟，左手捧着颅骨碗，向法王献幸福快乐。乌兰陶勒盖庙、乌素图召庆缘寺大雄宝殿及东厢房、五当召苏古沁殿、美岱召大雄宝殿、大召大雄宝殿均绘有降阎魔尊像。几处壁画绘制的护法像，其样貌、动态、手持法器均一致（图 4-2-4）。

白度母像一头二臂，身白色，头戴五佛冠，发乌黑，三分之二挽髻于顶，三分之一成两缯披于两肩。右手置膝结接引印，左手当胸，以三宝印拈乌巴拉花。花沿腕臂至耳际。身着五色天衣绸裙，耳环、手钏、指环、臂圈、脚镯具足。宝珠璎珞第一串绕颈，第二串绕胸，第三串绕脐，双跏趺坐于莲花月轮上。白度母共七只眼睛，除双目外额头有一目，手脚掌心各四个眼睛。

图 4-2-4　降阎魔尊像

图 4-2-5　白度母像

图 4-2-6　绿度母像

绿度母像一头二臂，身绿色，头戴五佛宝冠。右手结施予印拈乌巴拉花，左手当胸以三宝印拈乌巴拉花枝，枝上的花开在左耳际。身着红衣，项戴珊瑚红色的璎珞宝钏，结半跏趺坐于莲花月光座。东西两壁分别绘制的绿度母像和白度母像画工质朴，与传统粉本中绘制的造像差异较大，两幅壁画五官描绘的比例较大，脸型较圆，不似内蒙古地区其他召庙壁画中度母造像的精巧比例（图 4-2-5、图 4-2-6）。

图 4-2-7　天女图一

殿内南壁绘制的天女图较特别，一组四个分别为右手上举贡品的供馔天女、双手举天衣绸群的舞蹈天女，下排为持明镜天女和施供天女；另一组上排为宝伞天女和琵琶天女，下排为左手持鼓，右手拿击鼓槌的圆鼓天女和吹笛天女（图 4-2-7、图 4-2-8）。

图 4-2-8　天女图二

殿内壁画与乌审召绘画形式相似，为不透明的矿物质颜料绘制，且在壁画表面罩了一层清漆。壁画曾遭雨水冲刷，有些壁画颜色暗淡无光，但依然是鄂尔多斯地区为数不多保存较好且极具特色的清代寺庙建筑壁画。

第五章

内蒙古地域召庙建筑壁画数字化保护研究

第一节　壁画图像特征

一、色彩特性

（一）颜料使用

内蒙古地区召壁画图像设色鲜艳，色彩丰富，造型精美，说明该地区的颜色材料相对较为富足。当时藏传佛教文化在土默特地区广泛传播，西藏壁画艺术记述绘画的颜料有矿物和植物两类。根据《呼和浩特召庙壁画》所述，呼和浩特地区的召庙壁画在绘制时常使用不透明的矿物颜料，比如石青、石绿、石黄、朱砂等。为了保持颜料色泽的鲜艳且经久不褪色，画师通常在调色时会添加动物胶。调胶也有一定的规矩，适当的胶量，不仅能保持壁画的颜色，还能延长壁画寿命；用胶过多，容易造成壁画颜料层龟裂、起翘。呼和浩特在清代作为盛产石青矿物的区域将其作为贡品每年输入皇朝，且几座召庙中设色有大量的青绿色涂绘，可知在各召庙建寺至清代以来一直有石青等矿物颜料作为主要色彩使用。

（二）色彩表现

1. 壁画色彩

呼和浩特大召乃春殿与席力图召古佛殿皆以重彩着色，乌素图召庆缘寺大雄宝殿壁画以墨线为主，用色为辅。大召乃春庙壁画色彩表达多以赤、蓝、绿为主色，黄、灰、黑、白为辅色；席力图召古佛殿壁画以黄、绿为主色，赤、棕、蓝、黑、白为点缀颜色；乌素图召庆缘寺大雄宝殿壁画虽重视线条表现，但主要色彩组合以白、赤、绿显著，黄、黑、蓝搭配；乌素图召庆缘寺东厢房的色彩主要以赤和绿为主，辅以白、黄、黑和蓝。乌审召德格都苏莫殿壁画在绘制时先以墨色勾勒图像，然后进行色彩填涂，整幅壁画以色彩纯度较高的蓝、绿、红、黄、白、粉为主，除粉色作为点缀颜色外，其余五色都是该殿壁画绘制的常用颜色，其中又以蓝、绿两色铺设面积最大，分别描绘蓝天与草地。五当召苏古沁殿壁画以蓝、绿、红、黄、白、黑六种颜色为主，绿、黄、红是该殿的主要用色，壁画中除绿、黄、红三色常用外，墨绿、浅蓝、白色也在壁画中出现。昆都仑召大雄宝殿壁画以暗红、土黄、土橘、灰绿、墨绿、灰白（原色可能为白色）为主要设色，纯度较低。土橘、灰绿、灰白是该殿的主要用色，灰绿色用于大面积的草地与山峦铺色，并用墨绿色对山峰进行勾勒，辅以土橘色、暗红色、土黄色呈现。

藏传佛教密宗五部佛分别代表白、青（蓝）、黄（金）、赤（红）、绿五种色相。这五部佛以不同的色相表示出各自的方位，建立了一个以五色为中心的色彩体系。据《藏传佛画色彩功能管见》一文中介绍，藏传佛教密宗将蓝、白、红、绿、黄五色，分别用以象征蓝天、白云、火焰、绿水和大地。内蒙古地区召庙壁画色彩皆主要使用五色，颇受以下四个原因的影响：其一，受蒙古族自身影响，尚青（蓝）、白、赤（红）、金（黄）、黑五色；其二，白、黑、红、黄、蓝、绿等色是西藏佛教绘画中的主色，含有特定的宗教内涵；其三，这五色受中原文化的影响，分别代表着五行中的水、金、火、木、土；其四，也不能忽略印度宗教的影响（它深刻影响着西藏壁画艺术），黄、赤、青、白、黑五色常用以代表地、火、水、风、空五大物质（图 5-1-1）。

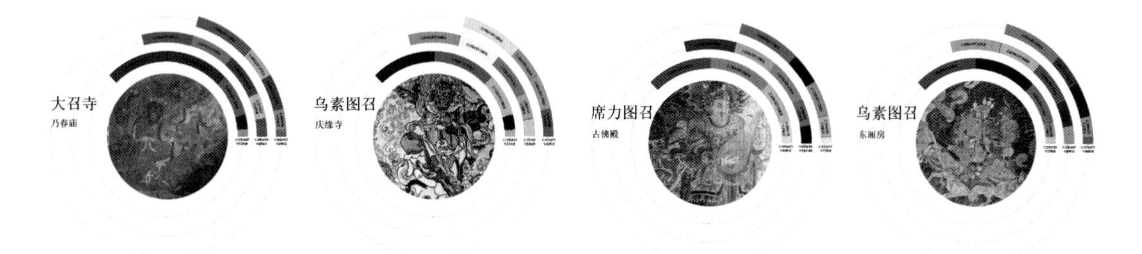

图 5-1-1　召庙壁画色彩应用识取

2. 壁画色调

内蒙古地区召庙壁画绘于格鲁派在土默特地区发展的鼎盛时期，其主色调几乎依随西藏壁画艺术。据《藏传佛教绘画艺术》记载，在设色上，有的壁画大面积使用纯度高、对比度强的颜色，使整个画面有富丽堂皇之感；有的壁画以一种主要颜色统一，多用同类色变化，形成明确的色调；有的壁画则以黑线为主，敷以淡彩，形成高雅格调。在应用上，固有色和夸张色同时使用。高原的特点在于蓝天白云、雪山草地、花卉树木所呈现的固有色彩，都显得十分浓郁，这些颜色的色相，都因高原光照充足，阳光强烈而呈现出独特的特点，涂绘佛像用色则多用夸张手法；用高纯度白、绿、黄等色绘度母、观音等，用金色绘佛像，用红、蓝等色绘金刚护法神，使壁画达到了更加完美的艺术境界。

大召乃春殿主色调偏饱和度较高的赤色，主要尊像用色对比度较为强烈，周围次要尊像色调与背景色较为相融，由此凸显壁画主要图像；席力图召古佛殿主色调偏黄色，黄、绿同类色相搭配，色调变化细腻，整幅壁画对比度较弱，画面较稳定；乌素图召庆缘寺大雄宝殿主色调偏白色，以墨线为主勾勒壁画尊像，淡墨晕染辅助壁画主图像，形成独特的雅致风格；乌素图召庆缘寺东厢房的主色调偏绿色，壁画上的尊像运用了互补色赤色来突出主体，虽然色调对比强烈，但整体上十分和谐。乌审召德格都苏莫殿壁画整体分为上蓝下绿两种主色调，表现出极强的蒙古族色彩倾向，最早在蒙古文献《十善法白史》中就提到了“青色蒙古”这一概念，并沿用至今。由于蒙古族人世代与草原、蓝天为伴，因此蒙古族绘画中常使用蓝色（青）、绿色作为画面的主色调。德格都苏莫殿壁画中的五种颜色都是蒙古族常见的民族色彩，饱和度较高，色彩亮丽，整幅画面呈现出鲜明的蒙古族色彩基调。五当召苏古沁殿壁画整体呈现偏红色调，主尊释迦牟尼的绘制以红、橙、绿、墨青为主要设色且对比度相对较强，周围绘制经变故事图，图中人物服饰也都为红、橙两色，画面以大面积草绿进行铺设，使红色调更加突出。这种以互补色绘制壁画的色彩运用方式在其他藏传佛教壁画中较为少见。昆都仑召大雄宝殿壁画整体呈素雅的黄绿色调，用色以及绘画技法都表现出浓郁的汉地山水画风格。画面中大面积使用饱和度较低的绿色与橘色，用墨绿色勾勒树木与山峰，间以白色祥云凸显山峦，画面的色彩对比度虽较弱，但色调变化细腻，画面色彩和谐稳定，呈现出中原汉地山水画的色彩基调。

（三）工艺技法

1. 壁画绘制程序

召庙的壁画制作通常分为墙面制作和绘画两个阶段，并有干壁画和湿壁画两种绘画方法。墙面制作使用土坯和抹泥的方法，外层与内层易于结合，使墙面坚固耐久。墙体内侧的泥层（壁画墙面）由粗泥层、细泥层和颜料层构成，如大召经堂壁画和庆缘寺壁画，还有的泥层只有粗泥层和颜料层，如大召佛殿壁画。粗泥层用黄土、石灰、碎麦草和水制成，被匠人俗称为“大穰泥”，涂抹在墙面上厚度达二至三厘米。细泥层又称地障层，由淘过的细土、碎麻筋或麦壳、米浆和水制成，有些还掺入动物毛和动物脂油，被匠人俗称为“小穗泥”。两层泥干透后再刷上一层石灰粉水，干燥后再开始作画（干壁画）。1893 年，俄国人阿・马・波兹德涅耶夫在经过呼和浩特时，在大召的外墙上看到过湿壁画。《蒙古及蒙古人》中载：“大约在十五年前，他们曾把伊克召的外墙修饰了一下，画上佛陀生活的一些生动场面。这些画都取材于汉文的佛陀传记……这些画都是在湿底子上画的湿壁画，所以其中很多都已残缺不全。”但是现存壁画尚未发现湿壁画做法。壁画绘制完成后要刷几遍胶矾水，起到加固作用。而有的召庙壁画绘制完成后，用一种特制的画笔将画面中用金银的部位抹平打光。这种笔藏语称“帕巴拉赛宝”，是用琥珀做笔头，用白铜皮或银皮固定骨制笔杆，非常珍贵。抹平打光后，标志着整个绘画工序的完成。为保护壁画，最后还要在绘制完成的壁画上刷胶水和清漆。“觉布当”：用牛胶熬制成偏稀的胶水，用软毛刷轻刷到壁画上即可。“札直当”：上清漆。待胶水干后，用鬃刷在壁画上平罩一道清漆①。至此，一铺壁画的全部工序即告结束，这便是藏式壁画绘制方式。

2. 壁画用金

运用纯金装饰是召庙壁画的重要技法之一。在壁画上，使用镶金的手法勾勒线条和图案，将画面呈现形式统一，更能增加画面的艺术层次和亮度。在画佛像头冠瓔珞等处时，参照汉式传统的“沥粉堆金”技法，运用特制的一种工具将金粉所调成的浓稠液体“沥”到所绘线条处，并在其上贴金箔，运用堆叠的独特方式使所绘之处极具立体感；或用藏式绘画的“磨金”技法，即在平涂的金上用宝石做成的笔磨出有丰富层次和立体感的图案。通过使用金线勾勒线条和图案，并经过打磨，不仅能够提高纯金在画面上的明亮度，还能够使金色更加持久地保持在画面上。呼和浩特明清召庙壁画虽距今历时三百余年，寺内长期点烛火，墙面部分画面模糊，但有金饰之处仍清晰明亮，光彩夺目（图 5-1-2）。

图 5-1-2　各召庙壁画金箔装饰图

3. 壁画用线

线条的应用是壁画艺术的主要手段，在壁画中都有不同的表现。有的刚劲有力，有的挺秀流利，有的生动活泼，有的纤细繁复，有的古拙朴素。大召乃春庙绘画线描，对衣纹的勾画，要随肢体的起伏变化而转折，表现出衣纹随人

① 杨辉麟. 西藏绘画艺术 [M]. 拉萨：西藏人民出版社，2017：79.

物动作而变化的感觉。人物形象的塑造采用了厚涂和点染相结合的手法，这样所制作的佛像比例协调，栩栩如生。

二、构图与比例尺度

（一）图像布局类型

1. 中心式构图

通常情况下在画面的中心绘制佛祖、菩萨、法王等尊主形象，并在其周围绕众佛、众弟子及装饰性图案纹样等图像，则称为中心式构图。内蒙古地区召庙建筑壁画大部分是在墙面上绘制护法神像、罗汉像和黄教高僧大德像等，主要采用中心式构图布局。大召乃春庙北、东、西三面墙各分为三层，中间为主要结构，其尊像为大尺度图像，集中呈现主要护法神像；上下两层为次要部分，分别分散四周围绕主尊像，图像多为主尊像化身、明妃、武士、戴黄帽高僧以及八宝供物装饰图案，此外，整个墙壁图框周边还绘有缠枝花纹饰条带，整体装饰精美，严谨有序。乌素图召庆缘寺中大雄宝殿和东厢房与大召寺构图几乎一致，皆是采用中心式构图形式绘图，这使整铺壁画错落有致，突出重点，严谨协调，一目了然。乌审召德格都苏莫殿壁画额枋壁画均为中心构图布局，主尊放于画面中心，左右两侧皆为侍神或宝珠装饰图案，呈中心对称式。五当召苏古沁殿内南壁绘制的护法尊像采用了中心构图布局，在每一个主尊像周边都环绕着数尊较小的护法尊像，有的是主尊的其他化身造像。昆都仑召大雄宝殿内南壁虽也绘制护法尊像，但都独立成幅，周边没有小尊护法像。苏古沁殿与大雄宝殿东、西两壁绘制佛传故事图，将中心构图与长卷式构图混合使用，东西两壁按壁画内容均可分为上、中、下三层，上下部分为佛传、经变故事图，中间部分绘制大幅释迦牟尼或宗喀巴尊像画，周边以佛传、经变故事进行环绕，使整幅壁画重点突出，错落有致，令壁画内容概况一目了然（图 5-1-3、图 5-1-4）。

2. 回环式构图

回环式构图主要用于表现具有情节性的画面（如叙事性图像），多采用散点透视的方法，将每一片段按照一定的顺序回环往复地安排成似“连环画”式的结构，情节分明但又意义连贯。如席力图召古佛殿堂内东西两壁中的罗汉图，按照蛇形蜿蜒形式结构，将原本单独罗汉尊像加以人物叙事形成故事场景，片段间以山石、树木、流水、浮云衔接，既情节分明又气势连贯。常见的文本作

图 5-1-3　中心式构图一

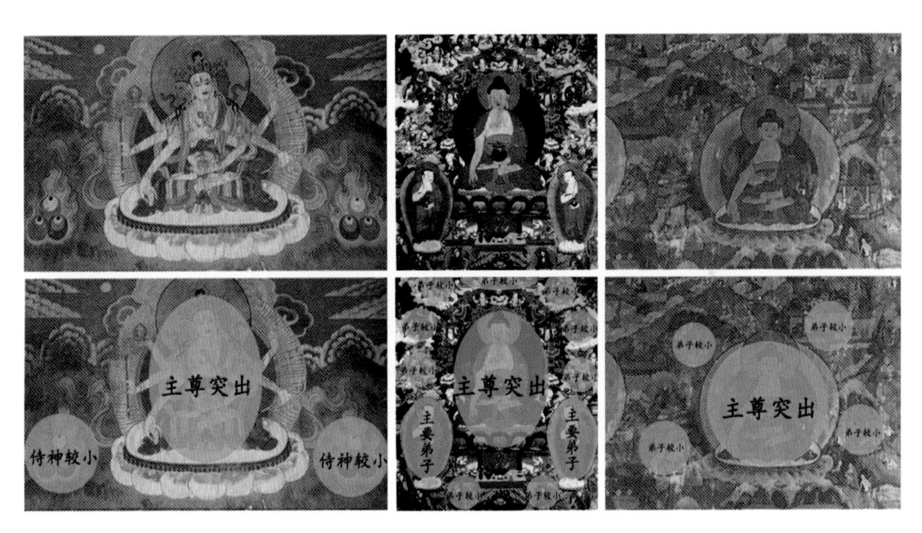

图 5-1-4　中心式构图二

品如《经变图》《佛本生故事》和《佛传故事》等，采用回环式的故事构图，将情节分割成无数个片段，以可视化的形式进行布局，每个片段都作为一个单元独立展开，既可独立完成叙述，又能与整体连贯呼应，且每个单元之间用山水云彩、树木花草等衔接，具有过渡性和装饰性的效果。乌审召德格都苏莫殿东壁《成就者修行故事图》也采用了回环式构图布局（图 5-1-5）。

3. 几何形构图

壁画是一种建筑装饰艺术，通常根据建筑表面的几何形状进行变形绘

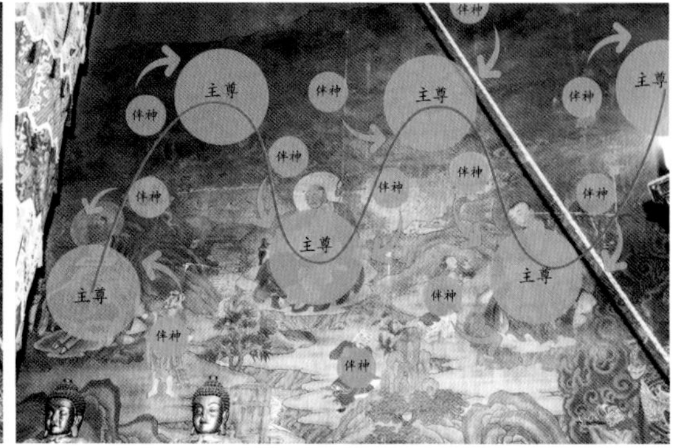

图 5-1-5　回环式构图

制。如寺内常见的《六道轮回图》等，就是将人生的因果和宇宙的分布绘制在圆形或方形的图案中。这样的构图形式称之为几何形构图。大召、席力图召和乌素图召中的几何形构图图像出现在殿内坛城、天顶木板、殿阁照壁板和廊屋照壁板中。如乌素图召庆缘寺大雄宝殿坛城形象，图像依托四块木板拼接组合成外轮廓正八边形，内沿正四边形，画中的神佛像、八瑞相以及佛塔完全依据横纵对称展现，其中山石、草木、云水等也都做了变形处理，使之与正八边几何形相符。再如乌素图召东厢房殿顶平棋彩绘，整个画面是屋顶廊房正四方形结构，每格为一主图，画面由正方与圆相融对称组合，图案由云纹、哈木尔纹及莲花纹构成，莲花纹占据图幅中心位置，且七瓣花瓣和中心皆有“种子”梵字，这样的组合称天地轮。书籍《佛教造像量度与仪轨》记述：“天地轮的安置也有两种：①字头向内，如果天地轮合用，则天轮上，地轮下，按天尊地卑之道；②字头向外，如果天地轮合用，则天轮下，地轮上，合地天泰卦之义。”东厢房平棋彩绘中的梵字字头向外，图像用于天顶上，此图应为地轮。几何形构图让人感觉简洁明快，图像依据几何结构呈现不同的形象，具有一定的趣味性（图 5-1-6）。

4. 并列式构图

并列式构图在召庙壁画中较为少见，是几何形“图式”构图的另一种布局形式，这种构图布局通常在画面中心部位绘制 2～4 个大小相同的尊像，或在整幅画面绘制数以百计大小相同的尊像，并将之规整排列形成画面结构。乌审召德格都苏莫殿西壁《宗喀巴成道图》就采用了这种构图布局，画面分成上、中、下三层，每层均匀排列数铺宗喀巴传道讲经故事图，由于病害等原因下层壁画几乎被损毁殆尽，目前可见壁画仅有上、中两层共 37 铺故事图，每幅故事图都围绕人物展开，背景或是建筑，或是山。壁画背景依据颜色可分为陆地

图 5-1-6　几何形构图

与蓝天，陆地与山体连成一个整体，以大面积石绿进行铺色，天空部分以石青为主要设色，上层画面绘于天空，作为背景的建筑下方有祥云将之托起，祥云上的故事多以讲述宗喀巴向各路佛陀、菩萨学法；中、下两层的大部分故事图直接绘制于陆地上，多以讲述宗喀巴的自我修行和为他人讲经授法。整墙壁画排列规整，便于识别每铺故事内容，每铺故事皆可独立成幅。从内容识别难易上看，并列式构图中的每铺故事图多以一座建筑或一个场景为主，与长卷式构图中每铺多图幅组成的故事图相比较为简洁，且每铺故事间留有空白，部分壁画下方有藏文题记，对壁画内容的识别较为方便（图 5-1-7）。

图 5-1-7　并列式构图

（二）比例尺度

寺庙中的壁画造像有标准比例尺度。《开示佛像纵广平等如无节树相制经》是藏传佛教的经典之一，其中最早讲述了度量仪轨问题。之后通过蒙古僧人工布查布较为系统地整理归纳，综合编辑了量度比例蒙古文专著《造像量度经》，后亦将其进行翻译为汉本且加有经解和续补，分别为《造像量度经解》和《造像量度经续补》。13 世纪，藏族人察哇荣巴·索南俄塞写下了《圣像绘塑法知识源泉》，并和克珠杰所著的《时轮量度》这两本书是西藏最早的造像书；14～15 世纪，山南药师顿珠所著的《如来身像度量·意宝珠》内容最为全面，并形成了藏传佛教绘制的一个派别。土观·洛桑却吉尼玛著的《绘塑法·解脱奇观》和菊·弥庞著的《造像度量》等典籍均对西藏的佛教造像产生了较大的影响。16 世纪藏传佛教格鲁派引进蒙古地区，传播广泛，传统的造像量度标准也随之成为蒙古地区建造器物的规范。

根据《造像量度经解》所述，西藏佛教绘画采用麦、足、指、拃、肘、寻六种基本单位。这些单位的比例关系是“一麦等于一小分；二麦合并后为一足；四足合而为一指，又称为中分；十二指合为一拃，也作大分；两拃为一肘；四肘为一寻。”即：一足 = 二麦（小分），一指 = 四足（中分），一拃 = 十二指（大分），一肘 = 二拃，一寻 = 四肘。实际上，平时使用的量度单位是“指”和“拃”。其中，“指”是中指的宽度，“拃”则是以大拇指展开至中指之间的距离。有了这些基本单位，画者可以使用自己的手作为测量工具来进行绘图，极其方便实用。

1. 护法神造像比例

内蒙古地区的召庙建筑壁画中，护法神造像经常出现，它们的面容几乎全部是忿怒相，其造像基本形制遵循藏传佛教造像仪轨。在西藏密宗造像中，有许多怒目圆睁的忿怒神。这类神像分为两种：一种是忿怒明王，明王是佛、菩萨的化身，是藏密的本尊像（如不动明王、马头明王、大威德金刚等），乌素图召庆缘寺大雄宝殿内绘有一位大威德金刚以及东厢房壁上绘有马头明王尊像，其形象较为复杂，多面多手，内涵较丰富；另一种是恶相护法神，其中包括金刚护法和天母护法，著名的恶相护法神包含布禄金刚（财神）和班丹拉姆（吉祥天母）等。大召乃春庙东壁主尊铁匠神和在乌素图召庆缘寺东、西两壁所绘的吉祥天母、四面怙主、六臂怙主等形象也都是恶相护法神。明王金刚护法造像身量比例均为八拃（九十六指），即：面轮至颈部十二指，颈部至心窝十二指，心窝到肚脐十二指，肚脐至阴藏十二指，股长十八指，胫长十八指，发际四指，膝盖四指，足肤四指。造像宽度比例为：心窝至两腋各十指（二十指），两手前臂各十四指（二十八指），两臂各十二指（二十四指），手各十二指（二十四指）。忿怒神脚踏的生灵为八指，莲座为三指，加上日月轮共十二指。如果立式忿怒神的脚下没有生灵伏现，则日月轮二指，莲花十指。神像两脚间距离三拃（三十六指），常呈右腿屈弯，左腿伸展之势。根据《西藏绘画艺术》书中坐势部分描述，此势应为舞立。神像的面相常为男方女圆，三目大睁，紧蹙双眉，张口龇牙，头发竖立，度量为一拃（十二指）；头饰五骷髅冠，高六指，腰系虎皮裙，以蛇为络腋，背靠烈焰光环。这些护法神统归于两大护法神魔下，即男宗护法神主大黑天和女宗护法神主吉祥天母。这两尊大神属统领神，在造像上与明王比例相同为八拃（九十六指）。此外，还有增长天王、广目天王等被归属于八拃量度。席力图召古佛殿和乌素图召东厢房所绘天王形象，姿态都是挺立的，虽然大小略有不同，但整体的比例和造像却是十分相似的（图 5-1-8）。

图 5-1-8　护法神造像比例

2. 罗汉造像比例

罗汉造像在呼和浩特地区明清召庙壁画中多出现于席力图召古佛殿以及乌素图召庆缘寺大雄宝殿和东厢房中。罗汉像一般为出家比丘形象，光头无肉髻，其造型手法各异。罗汉的面部塑造多姿多彩，呈现出老、少、俊、丑、胖、瘦等不同形象，极富表现力。罗汉在藏传佛教中地位修行略次于佛和菩萨，因此造像量度自然也低于佛和菩萨，通常身像为九拃（一百零八指）。罗汉造像身高比例为：发际三指，面轮至颈部十二指，颈部三指，颈部至心窝十二指，心窝至肚脐十二指，肚脐至阴藏十二指，股长二十四指，胫骨二十四指，膝盖三指，足肤三指。罗汉造像宽度比例为：心窝平量至两腋各十指（二十指）；两手前臂各十八指（三十六指）；两臂各十四指（二十八指）；手各十二指（二十四指）。

席力图召古佛殿、乌素图召庆缘寺大雄宝殿和东厢房中对于绘制罗汉的重视程度不同，在古佛殿中，罗汉的绘制更加依照量度仪轨进行，细节和仪轨更加匹配，但仅有羯摩札拉尊者为立像，比例与坐像的十七位罗汉相似；乌素图召庆缘寺大雄宝殿中的罗汉图被缩小绘于殿阁照壁板上，整体形象明显进行简化，十八尊罗汉都为坐姿，整体比例一致；东厢房中罗汉像也呈坐势，被画于整壁图幅较适中的位置，其刻画程度既没有像古佛殿绘制的一样精细，也没有像大雄宝殿描绘的概括，但图像轮廓符合造像量度标准（图 5-1-9）。

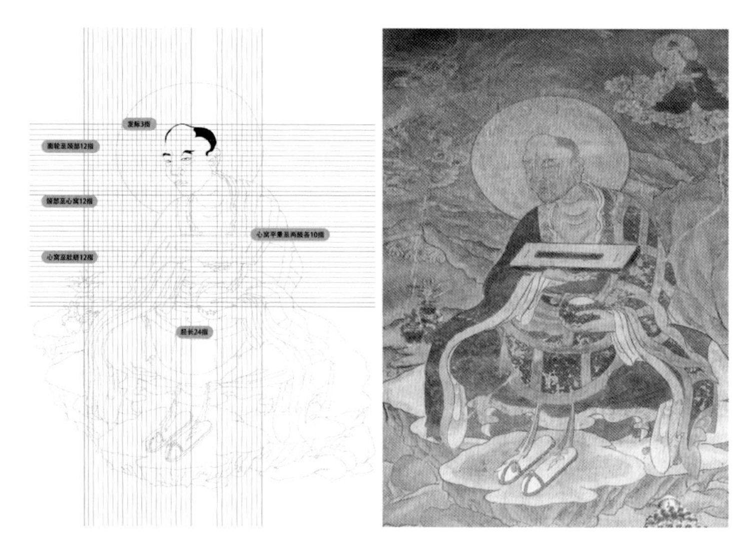

图 5-1-9　罗汉造像比例

第二节　壁画数字软件修复

一、召庙壁画病害现状

内蒙古地区召庙建筑壁画由于年代久远，且历经战乱，现存的壁画有较多病害，各殿中常见的壁画病害类型有：裂隙、颜料层脱落、烟熏覆盖、大面积酥碱以及地仗脱落。

召庙壁画病害状况相似，满壁灰尘、烟熏覆盖；在距地面约半米高的位置有大面积地仗脱落至粗泥层裸露，脱落区域两侧伴随颜料层起甲、龟裂起甲等现象，有后期人为对脱落区域抹泥加固，但目前均濒临掉落；壁画表面有封护层，部分区域封护层有老化现象，导致颜料层出现龟裂起甲及脱落，局部地仗脱落有后期抹泥、补绘痕迹；由于屋顶曾经渗水，墙面上可以看到多处水渍痕迹，一些渗水的部分还携带了泥浆，致使这些区域的壁画受到严重污染，颜料层和地仗层出现多种病害。颜料层的不少区域被水冲刷后，出现色彩淡化甚至完全脱落；壁画多处出现裂隙，满壁灰尘、烟熏覆盖；下部酥碱、地仗层脱落病害较严重。上部存在起甲、颜料层脱落病害，若干处裂缝。并且这些病害处于不断发展的状态，严重影响壁画的安全性和稳定性，极大地损害了壁画的历史、艺术和科学价值。很多殿的壁画在20世纪90年代及21世纪初曾经进行过保护修复，有部分区域出现历史加固痕迹，部分后期加固的颜料层与原画面色彩不协调，壁画下层曾进行过补绘。由于古建筑墙体水分含量高，殿内通风条件差，且建筑修缮改变了寺庙墙体温湿度环境，导致壁画出现颜料层大片卷翘、起甲，从而脱落。壁画裂缝等未得到有效解决。

例如，五当召寺庙主体建筑于清乾隆十四年（1749年）开始营建，至今已近300年，壁画的各项病害恶化逐年递增。五当召苏古沁殿壁画目前存在的病害，根据发生位置的区别可大致划分为支撑体病害、地仗层病害和颜料层病害；主要病害类型包括盐霜，地仗层酥碱、空鼓、裂缝，颜料层起甲、颜料层脱落和烟熏油渍等。五当召苏古沁殿壁画地仗层存在大量裂隙与空鼓病害，二者多相伴相生。昆都仑召大雄宝殿壁画存在的主要病害有裂缝、地仗层脱落、颜料层脱落、空鼓、龟裂、起甲、烟熏、水渍、历史加固、酥碱等。昆都仑召大雄宝殿壁画绘制初期在颜料层上覆盖了一层清漆，虽然对壁画有保护作用，但历经多年后，颜料层上面的漆皮老化起甲、龟裂，在酥碱处跟随地仗一并脱落；有历史修复痕迹，为简单修补地仗，未进行美学修复。昆都仑召大雄宝殿经堂东西壁墙体酥碱病害严重，需有效解决墙体返潮问题，防止壁画酥碱病害的进一步发展，防止经堂与佛殿香火对壁画造成进一步烟熏破坏。席力图召的壁画也存在相同问题，两年前还若隐若现的古佛殿上层壁画，现如今已经满壁厚厚的灰尘，裂痕也更多了，几乎无法辨识造像样貌（图5-2-1、图5-2-2）。

二、召庙壁画保存困境与保护措施

（一）现状问题

1．现有召庙壁画没有有效方法进行病害修复及留存保护，导致壁画艺术价值降低。

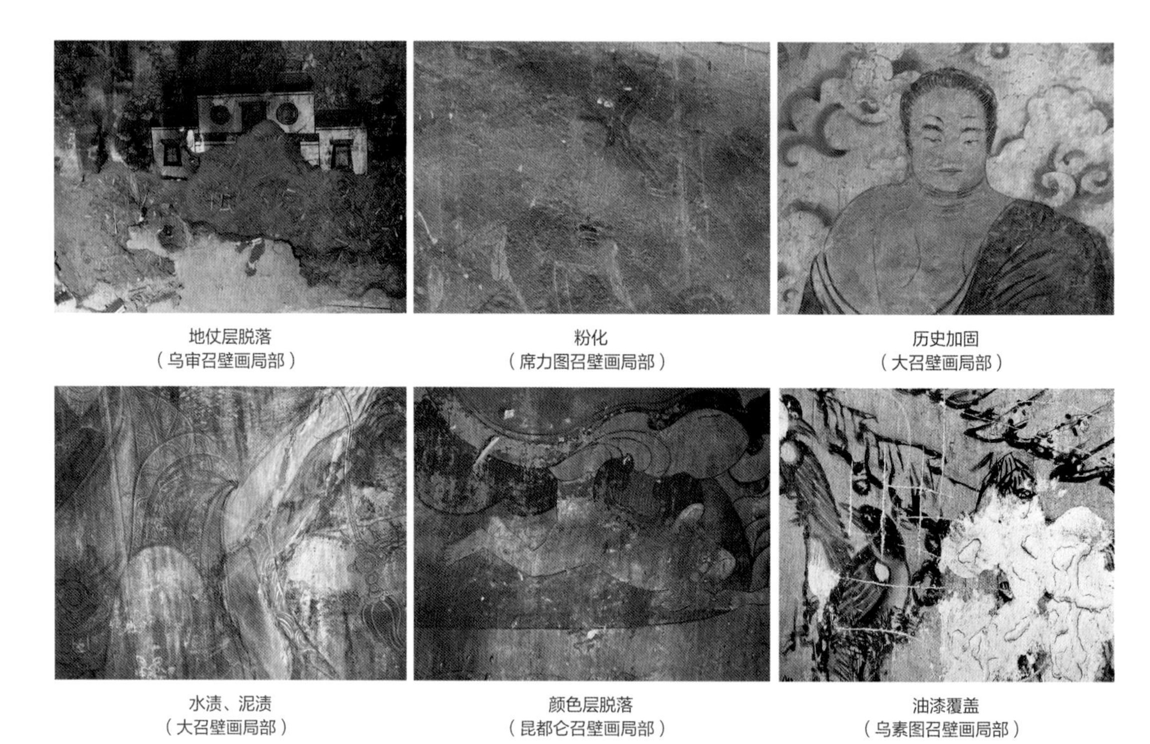

地仗层脱落（乌审召壁画局部）　粉化（席力图召壁画局部）　历史加固（大召壁画局部）

水渍、泥渍（大召壁画局部）　颜色层脱落（昆都仑召壁画局部）　油漆覆盖（乌素图召壁画局部）

图 5-2-1　病害图一

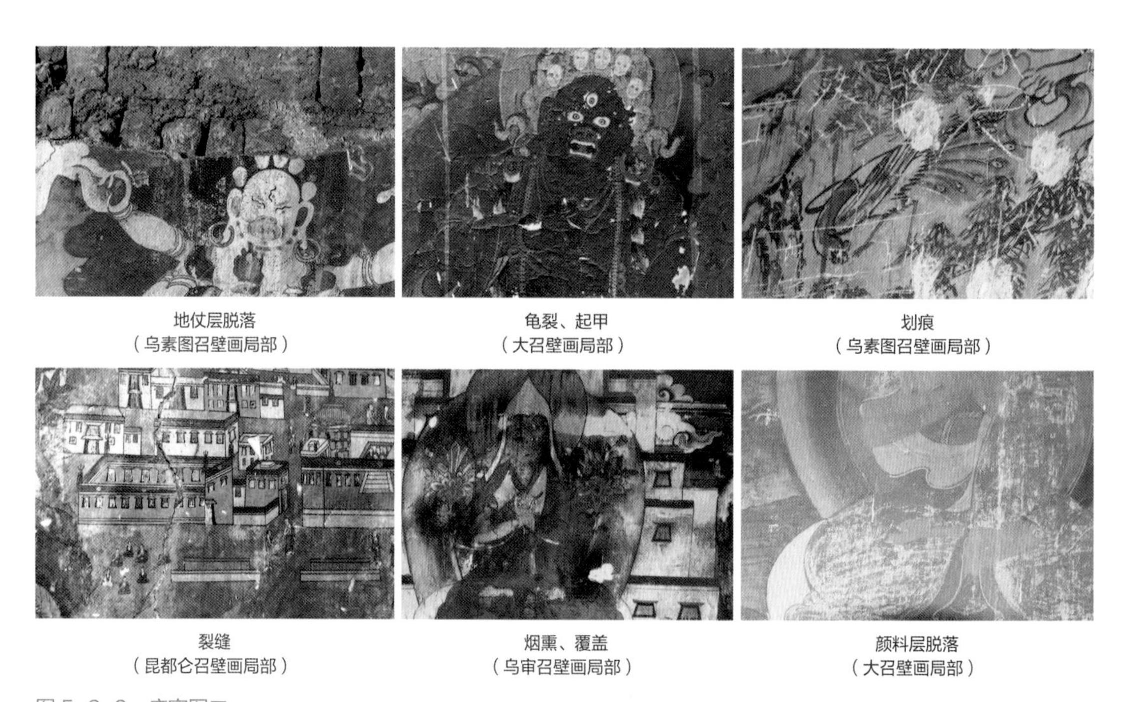

地仗层脱落（乌素图召壁画局部）　龟裂、起甲（大召壁画局部）　划痕（乌素图召壁画局部）

裂缝（昆都仑召壁画局部）　烟熏、覆盖（乌审召壁画局部）　颜料层脱落（大召壁画局部）

图 5-2-2　病害图二

2．召庙壁画艺术传播受限制，壁画位置常绘于佛堂内壁及天顶木板上，由于光线昏暗，较难引起参观者的注视，导致显著的地域性文化较难被世人知晓，其装饰特征无法真实、全面、广泛地体现。

（二）保护措施

1. 原址保护

原址保护一般有回填、封护和建设保护设施及开放展示方法。内蒙古地区召庙壁画装饰于召庙建筑空间内部，无法限制寺庙中僧人与游客的活动，完全封闭空间做隔离保护措施。可以采纳建设简单保护设备和检测装置，基于寺庙有与世人联系的活动产生，也可以设置不定期开放参观及定期监测壁画保存状态。

2. 壁画揭取保护

壁画揭取保护的方式较普遍出现于文物保护及考古界壁画保护手段中。内蒙古呼和浩特大召大雄宝殿经堂中的壁画在 1984 年被呼和浩特市文物事业管理处抢救性地揭取下来，得以有效保存。

3. 临摹、复制与再现

召庙壁画的影视图像资料拾取、临摹和复制不仅是保存壁画历史文化信息的重要措施，也是实现召庙壁画原址保护和展示运用的有效手段。内蒙古地区召庙建筑壁画现状问题中出现人们对壁画的认知匮乏，需要推动以召庙壁画装饰特征为例的文化艺术输出，临摹、复制或再现是保护召庙壁画较好的策略。

三、召庙壁画数字化图像修复

数字化图像修复技术随着计算机技术的不断发展，在壁画修复中发挥着越来越重要的作用。运用智能数字化修复技术，能够更好地再现壁画原貌。现有的数字化图像修复技术一般是以基于有纹理的图像和非纹理的图像来完成图像的修复。数字化图像修复技术方法较多，如：基于 YCbCr 结构模型，利用空间自相关函数而提出的损伤壁画修复方法；纹理合成思想，通过损伤区域和完好区域的自适应选择，能够快速实现对壁画大区域破损的修复；针对壁画中的裂缝与脱落病害，利用 CDD 与 Criminisi 两种修复模型进行修复，壁画裂隙的修复效果较好，且已有修复壁画的数字化系统，以及操作方法最为简单的 Photoshop 修复方法。人工修复过的壁画，修复过的壁画颜色与周边原有壁画颜色差距明显。因此，在处理已扫描或拍摄到的壁画时，对于病害较小的壁画利用 Photoshop 软件中的仿制图章工具，复制周边完好可匹配的图块去填充受到病害的区域。针对壁画大区域破损的修复问题可运用纹理合成思想，通过损伤区域和完好区域的自适应选择进行修复。目前数字化技术较少用于内蒙古地区召庙建筑壁画的留存保护。

第三节 壁画数字化保护

一、召庙建筑壁画数字化留存

大部分现存召庙建筑古壁画仍在正常使用的殿宇中，殿内的香火及游客的往来等情况都不利于壁画保护，通过对传统召庙壁画保护现状和壁画的数字化技术应用现状进行探析，总结召庙壁画数字化留存策略，选取可实现召庙壁画数字化留存技术的仪器，采用数字利用与传承、数字保存与传播、文化传媒与推广等数字化技术，对现有古代壁画进行提取保护。深入挖掘召庙壁画的文化价值，利用数字化留存技术辅助召庙壁画文化遗产保护，有利于更好地研究、传播召庙壁画文化。

（一）数字采集技术

数字采集技术指的是利用数码相机、摄像机、扫描仪等采集设备对所需采集对象进行数字化记录的一种技术，其范围包括文本扫描、数字勘测、图文扫描以及立体扫描等多个方面。现今的数字化留存技术大多使用三维激光扫描仪进行图像采集，这项技术是基于测绘行业的测绘技术发展起来的，在传统测绘技术的单点目标高精度测量的基础上调整为对确定目标的整体布局或某个局部完整的三维数据扫描。不仅可以将召庙壁画的图像、尺度、数据完整采集，而且绘制壁画的墙壁状态（凹凸不平、墙体龟裂等）也可以真实记录下来，准确、真实且较高地还原壁画留存，会让观者在观看召庙壁画时有更好的代入感。三维激光扫描技术是召庙壁画信息采集的主要方式。

目前课题组采用的三维扫描仪为徕卡 BLK360，该设备可以通过站点扫描搜集点云数据，生成建筑内外复原图、全景图，效果较好（图 5-3-1）。

（二）数字处理技术

数字采集结束后，要对采集到的信息做进一步处理。三维激光扫描技术会产生的点云数据，这些点云数据是召庙壁画及其空间等实际物体的真实尺寸复原，量大而密集，所以三维激光扫描采集后的主要处理技术就是三维点云技术。由于采集过程中会不可避免地受到各种因素影响，因此在数据处理时以点云拼接、降噪和数据缩减为主。三维激光扫描仪不仅可以扫描召庙内的壁画内容，还可以扫描召庙建筑整体，采集召庙建筑的点云数据再结合BIM模型，通过计算得出召庙建筑的数字化数据，可将其上传网络，做数字化、档案化保存（图5-3-2～图5-3-6）。

图 5-3-1　扫描现场

图 5-3-2　大召 乃春庙　数字处理一

图 5-3-3　大召 乃春庙经堂　数字处理二

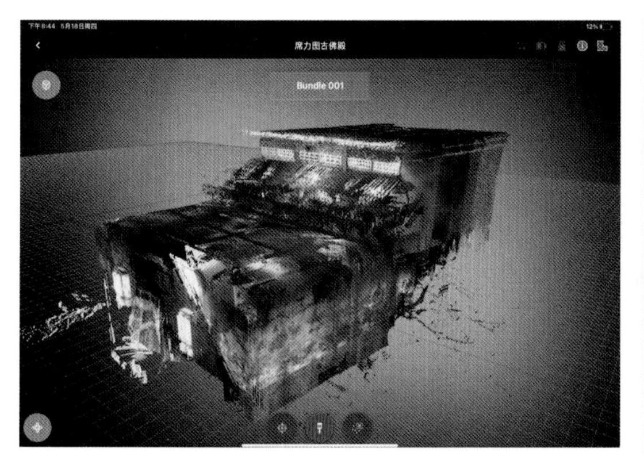

图 5-3-4　席力图召 古佛殿　数字处理三

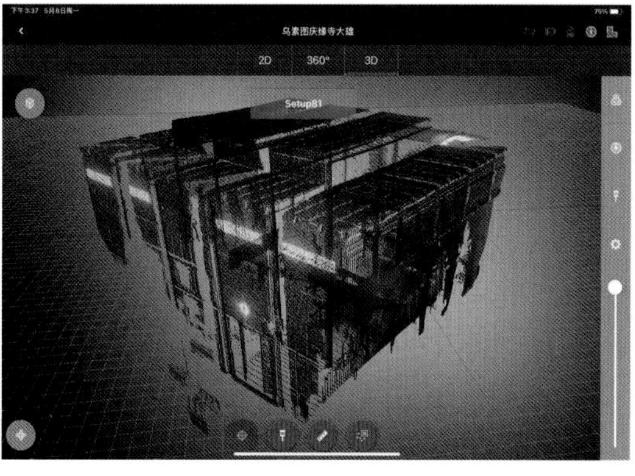

图 5-3-5　乌素图召 庆缘寺 大雄宝殿　数字处理四

（三）壁画空间数字化技术流程

图 5-3-6　乌素图召 庆缘寺 大雄宝殿佛殿

将召庙壁画进行多种方式的数字化储存，可将数据上传至云空间或全景软件进行永久保存。步骤如下：

（1）实地考察，制定建筑室内测绘工作方案：包括数据影像采集高度及路线、架站位置、三脚架选用设定等。

（2）进行扫描仪器基础设置：传感器范围 3.5 米，站点显示范围 20 米，红外不透明度 67%，动态可视模式为仅显示最新测站。

（3）架设三维激光扫描仪，遵循室内扫描制定路线从外围到内部、粗略到细致构合空间，粗略架设站点不小于 7 个，测站距离不小于 2 米，精细架设站点不小于 10 个，测站距离不小于 1.3 米，以上操作采用最高设置等级精度分辨率，用时 4 分钟，相邻两站点重复率不低于 50%，扫描范围为 360°，顺带机身含高精度全景摄像机，可在扫描途中记录全景照片。

（4）将扫描仪各站点数据在配套应用 Cyclone FIELD 进行预处理，首先将相邻站点拼接对齐，可手动拼接，也可进行智能优化配对，增加数据准确性。然后进行单点去噪，框选扫描空间外侧，即可清楚空间外侧的干扰多余废点。最后将各点按扫描路线拼合成点云群，点云模型初步成型，可以进行平面图、立面图、轴测图预览，以此补扫点云漏缺处或删除有误站点，对模型进行矫正预处理。

（5）将预处理好的点云模型通过 WiFi 无线传输，导入徕卡 BLK360 扫描仪配套数据处理软件 Sync Server，进行二次优化检查与调整，站点连接后便可点击完成，每个站点数据偏差均小于 0.002，属于高精度模型，最后生成扫描报告与格式为 PTX、LAS 等的点云模型，便于后期与第三方软件进行对接，将附带扫描好的空间全景图片导入 720 云，还可生成桌面式、移动端虚拟沉浸体验。

（6）运用 Context Capture Center 软件进行格式转换，导出为 3ds 或 skp 格式的网格模型。

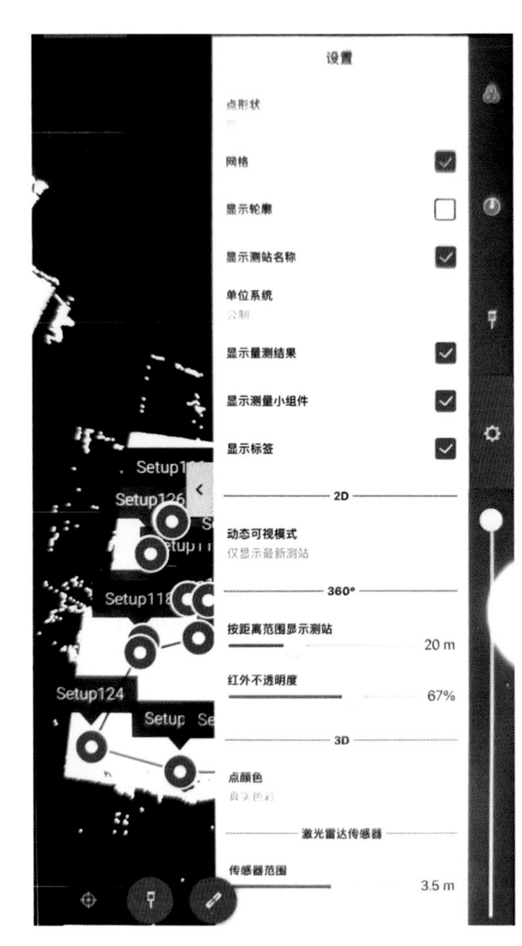

图 5-3-7　扫描设置

图 5-3-8　站点附带全景图

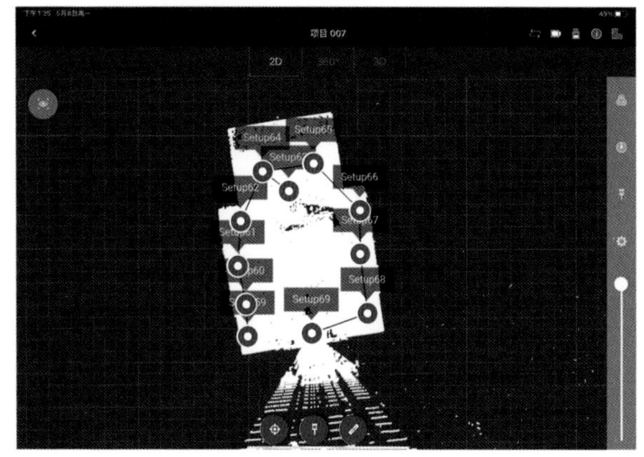

图 5-3-9　站点连接完成

（7）将转换好的网格模型格式导入到光辉城市 MARS 中，进行模型漫游，接入 HTC VIVE 虚拟现实套装（包括 VR 眼镜与手柄）进行沉浸式虚拟体验，可以全方位实现空间漫游（图 5-3-7 ~ 图 5-3-9）。

二、召庙建筑壁画资源数字化构建及展示

（一）召庙壁画的数据库平台构建

构建召庙壁画资源数据库平台，数字化保护的技术构成是基础，还要注重收集图像类资源、历史文脉细化信息，以及使用数字平台人群的个人基础信息，结合召庙壁画图像本身特征，构建数字平台互动形式、展示结构等内容。

召庙壁画数字展示可以将壁画图像进行数字记录最终展示于线上平台，此种方式较为有效地对遗迹文物进行了数字化保护，形成了文化遗产图像库，有助于图像永久留存，文化长久传播。其展示形式也打破了传统模式，运用投

影、AR、VR 等新媒体融于图像，使图像可以呈动态，与人互动。从数字化保护研究涉及的呈现方式考虑，也可以运用网页、链接、二维码、小程序等形式与观众进行远距离交流。设置相关页面包括首页、探索、游览、保护和新文创等各个方面。每个方面都注重参与者的参与，并设置相关的互动活动（图 5-3-10～图 5-3-13）。

图 5-3-10　数据库平台示意图一

图 5-3-11　数据库平台示意图二

图 5-3-12　数据库平台示意图三

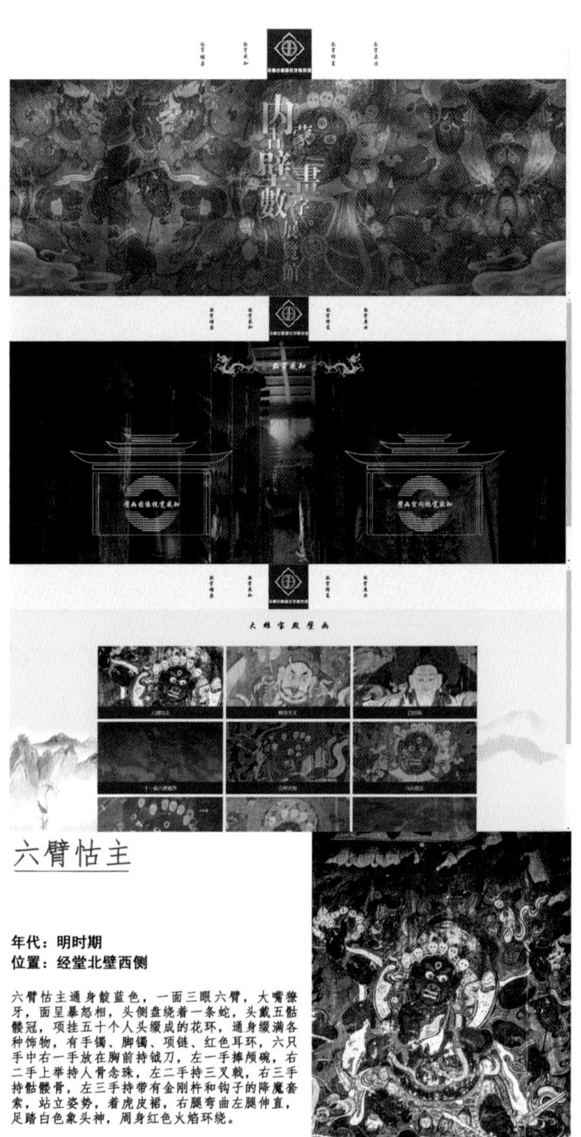

图 5-3-13　数据库平台示意图四

（二）召庙壁画沉浸式体验

召庙壁画装饰特征的挖掘，结合交互设计，以情境和叙事性故事为主运用到展示空间中，意味着沉浸式身临其境的体验更深刻。虚拟技术有效建立场景沉浸感，通过沉浸式方法，侧重感官体验和交互体验。感官体验主要旨在视觉、听觉、嗅觉、味觉、触觉五种感官的刺激，其中借助眼动实验收集体验者的视觉特征，推动召庙壁画沉浸式体验。

如以动画和数据驱动的方法，将影像映射到建筑外观上，使得媒体与建筑产生关系，建筑成为媒体的一部分，形成一种崭新的空间体验方式和崭新的建筑表达方式，或建立内蒙古地区召庙建筑明清壁画艺术展厅，采用全景投影技术，将不同召庙不同壁画风格投射到室内空间中，呈现出与众不同且奇妙的景象，带给前来参观的观众们身临其境的奇幻感。沉浸式体验的展厅中除了视觉特征的重要性，还要将声音和叙事性串联整体，将有纪念性和历史性的图像以多维的形式和建筑内部空间结合，透过虚拟现实向大众传递呼和浩特地区地域性文化与艺术（图 5-3-14～图 5-3-17）。

（三）壁画艺术的数字化传承

关于图像研究无论从图像本身还是从图像装饰视角来看，人作为图像的历史文化、艺术美学接受对象，其对图像的感官体验越来越重要，观测人的感知规律有助于图像研究的未来发展。随着新媒体影像技术的发展，展示空间的艺术、文物、观众、空间的存在形式都发生了变化，观众的身份与体验也发生了变化。观众身份

图 5-3-14　沉浸式体验示意图一

图 5-3-15　沉浸式体验示意图二

图 5-3-16 沉浸式体验示意图三

图 5-3-17 沉浸式体验示意图四

图 5-3-18 展示示意图一

图 5-3-19 展示示意图二

经历一个由被动接受者到主动参与者，再到共同创造者的演变（图 5-3-18～图 5-3-20）。

内蒙古地区独特的召庙建筑壁画图像装饰艺术文化，是内蒙古历史发展中的重要文化遗产，具有较高的研究价值。未来内蒙古召庙壁画图像装饰保护、传承及传播方式趋于数字平台的建立和沉浸式体验的展示交互空间，使观众在新技术中实现古今交融，共同传承发展艺术文化遗产价值，使历史文物得以长久永存。

图 5-3-20 展示示意图三

参考文献

专著

[1] 张廷玉．明史：卷三百二十七：鞑靼 [M]．北京：中华书局，1974.

[2] 宋濂．元史：卷七十八：志第二十八：舆服一 [M]．北京：中华书局，1976.

[3] 约翰·弗·巴德利．俄国·蒙古·中国 [M]．吴持哲，吴有刚，译．北京：商务印书馆，1981.

[4] 土默特左旗土默特志编纂委员会．土默特史料第 8 集 [Z]．土默特左旗土默特志编纂委员会，1982.

[5] 包头市文物管理所．包头文物资料 [Z]．包头：包头市文物管理所，1984.

[6] 潘诺夫斯基．视觉艺术的含义 [M]．傅志强，译．沈阳：辽宁人民出版社，1987.

[7] 中国美术全集编辑委员会．中国美术全集绘画编：元代绘画 [M]．北京：文物出版社，1989.

[8] E. H. 贡布里希．象征的图像：贡布里希图像学文集 [M]．杨思梁，范景中，译．上海：上海书画出版社，1990.

[9] 陈庆英．中国藏族部落 [M]．北京：中国藏学出版社，1991.

[10] 蒲文成．甘青藏传佛教寺院 [M]．西宁：青海人民出版社，1993.

[11] 年治海，白更登．青海藏传佛教寺院明鉴 [M]．兰州：甘肃民族出版社，1993.

[12] 若松宽．清代蒙古的历史与宗教 [M]．马大正，等，译．哈尔滨：黑龙江教育出版社，1994.

[13] 谭其骧．中国历史地图集 [M]．北京：中国地图出版社，1996.

[14] 宿白．藏传佛教寺院考古 [M]．北京：文物出版社，1996.

[15] 熊文彬．中世纪藏传佛教艺术——白居寺壁画艺术研究 [M]．北京：中国藏学出版社，1996.

[16] 土默特左旗《土默特志》编纂委员会．土默特志 [M]．呼和浩特：内蒙

古人民出版社，1997.
[17] 王森．西藏佛教发展史略 [M]．北京：中国社会科学出版社，1997.
[18] 德格勒．内蒙古喇嘛教史 [M]．呼和浩特：内蒙古人民出版社，1998.
[19] 盖山林．蒙古族文物与考古研究 [M]．沈阳：辽宁民族出版社，1999.
[20] 石硕．西藏文明东向发展史 [M]．成都：四川人民出版社，2000.
[21] 格·拉西色楞．蒙古文《甘珠尔》佛像大全 [M]．呼和浩特：内蒙古人民出版社，2001.
[22] 陈庆英，丁守璞．蒙藏关系史大系 [M]．北京：外语教学与研究出版社，2002.
[23] 乔吉．内蒙古寺庙 [M]．呼和浩特：内蒙古人民出版社，2003.
[24] 久美却吉多杰．藏传佛教神明大全 [M]．西宁：青海人民出版社，2004.
[25] 长尾雅人．蒙古学问寺 [M]．白音朝鲁，译．呼和浩特：内蒙古人民出版社，2004.
[26] 海因里希·沃尔夫林．艺术风格学 [M]．潘耀昌，译．北京：中国人民大学出版社，2004.
[27] 五世达赖喇嘛阿旺洛桑嘉措．一世至四世达赖喇嘛传 [M]．陈庆英，马连龙，译．北京：中国藏学出版社，2005.
[28] 戴均良．中国古今地名大词典 [M]．上海：上海辞书出版社，2005.
[29] 谢斌．西藏夏鲁寺建筑及壁画艺术 [M]．北京：民族出版社，2005.
[30] 于小冬．藏传佛教绘画史 [M]．南京：江苏美术出版社，2006.
[31] 张亚莎．西藏美术史 [M]．北京：中央民族大学出版社，2006.
[32] 金修成．明清之际藏传佛教在蒙古地区的传播 [M]．北京：社会科学文献出版社，2006.
[33] 罗伯特·比尔．藏传佛教象征符号与器物图解 [M]．向红笳，译．台北：时报文化出版社，2007.
[34] 唐吉思．藏传佛教与蒙古族文化 [M]．沈阳：辽宁民族出版社，2007.
[35] 乌审召珍藏编辑委员会．乌审召珍藏 [M]．呼和浩特：内蒙古人民出版社，2017.

[36] 绥远通志馆．绥远通志稿 [M]．呼和浩特：内蒙古人民出版社，2007.
[37] 乔吉．蒙古佛教史北元时期（1368—1634）[M]．呼和浩特：内蒙古人民出版社，2008.
[38] 张亚莎．11 世纪西藏的佛教艺术：从扎塘寺壁画研究出发 [M]．北京：中国藏学出版社，2008.
[39] 丹曲，扎西东珠．西藏藏传佛教寺院 [M]．兰州：甘肃民族出版社，2009.
[40] 蒲文成．青海藏传佛教寺院 [M]．兰州：甘肃民族出版社，2009.
[41] 王磊义，姚桂轩，郭建中．藏传佛教寺院美岱召五当召调查与研究 [M]．北京：中国藏学出版社，2009.
[42] 陈永国．视觉文化研究读本 [M]．北京：北京大学出版社，2009.
[43] 宫治昭．涅槃和弥勒的图像学研究——从印度到中亚 [M]．李萍，张清涛，译．北京：文物出版社，2009.
[44] 包头市文物管理处．美岱召壁画与彩绘 [M]．北京：文物出版社，2010.
[45] 王昕．藏传佛像鉴赏与收藏 [M]．长沙：湖南美术出版社，2010.
[46] 谢继胜，等．藏传佛教艺术发展史 [M]．上海：上海书画出版社，2010.
[47] 鄂尔多斯博物馆．北方草原古代壁画珍品 [M]．西安：三秦出版社，2016.
[48] 久美却吉多杰．藏传佛教神明图谱・佛菩萨 [M]．西宁：青海人民出版社，2011.
[49] 张鹏举．内蒙古藏传佛教建筑 [M]．北京：中国建筑工业出版社，2012.
[50] 乔吉．内蒙古藏传佛教寺院 [M]．兰州：甘肃民族出版社，2013.
[51] 阿罗・仁青杰博，马吉祥．藏传佛教圣像解说 [M]．西宁：青海民族出版社，2013.
[52] 薛建华．老壁画 [M]．西宁：青海人民出版社，2012.
[53] 四川大学中国藏族研究所，四川大学历史文化学院．中国藏地考古：第六册 [M]．成都：天地出版社，2014.
[54] 张可杨，梁瑞．蒙元壁画艺术 [M]．呼和浩特：内蒙古大学出版社，

2015.

[55] 格桑本．藏族美术集成・绘画艺术・壁画・青海卷1[M]．成都：四川民族出版社，2015.

[56] 迟利．呼和浩特现存寺庙考[M]．呼和浩特：远方出版社，2016.

[57] 包头市五当召管理处．唐卡壁画武当召珍藏[M]．北京：文物出版社，2017.

[58] 彼得・伯克．图像证史[M]．杨豫，译．北京：北京大学出版社，2018.

论文集、会议录

[1] 奇洁．汉藏艺术交流的草原之路——内蒙古土默特地区藏传佛教寺院壁画研究[C]// 马永真，明锐，胡益华，等．论草原文化：第九辑．呼和浩特：内蒙古教育出版社，2012.

学位论文

[1] 张斗．藏式佛教建筑研究[D]．天津：天津大学，1995.

[2] 于水山．西藏藏传佛教建筑装饰题材的渊源及含义[D]．北京：清华大学，1997.

[3] 李翎．藏传佛教图像研究[D]．北京：中央美术学院，1999.

[4] 宫学宁．内蒙古藏传佛教格鲁派寺庙——五当召研究[D]．西安：西安建筑科技大学，2003.

[5] 李文君．明代西海蒙古史研究[D]．北京：中央民族大学，2004.

[6] 朱普选．青海藏传佛教历史文化地理研究[D]．临汾：山西师范大学，2006.

[7] 周保彬．海因里希・沃尔夫林艺术风格理论研究[D]．上海：上海师范大学，2007.

[8] 白胤．包头佛教格鲁派建筑五当召空间特性研究[D]．西安：西安建筑科技大学，2007.

[9] 孟哲．论元代藏传佛教造像多种风格的形成和发展[D]．北京：中央美

术学院，2008.

[10] 郭兆儒．包头昆都仑召建筑研究 [D]．西安：西安建筑科技大学，2009.

[11] 泥玛仁庆．蒙古地名变迁 [D]．呼和浩特：内蒙古大学，2009.

[12] 王云．青海藏族阿柔部落社会历史文化研究 [D]．兰州：兰州大学，2010.

[13] 塔娜．论藏传佛教对蒙古族佛教绘画的影响 [D]．呼和浩特：内蒙古大学，2010.

[14] 袁凯铮．西藏东部藏传佛教铜佛像制作工艺研究 [D]．北京：北京科技大学，2010.

[15] 胡秦洁．古格王朝度母形象及其艺术特征 [D]．西安：陕西师范大学，2011.

[16] 张鹏举．内蒙古地域藏传佛教建筑形态研究 [D]．天津：天津大学，2011.

[17] 刘京涛．蒙原佛教造像变异研究 [D]．武汉：武汉理工大学，2011.

[18] 赵丹．内蒙古“查玛”的表现形式与文化内涵 [D]．兰州：西北民族大学，2011.

[19] 金萍．瞿昙寺壁画的艺术考古研究 [D]．西安：西安美术学院，2012.

[20] 吴建磊．藏传佛教佛类造像艺术风格研究 [D]．拉萨：西藏大学，2014.

[21] 才让扎西．三世达赖喇嘛和蒙古与明王朝的关系 [D]．北京：中央民族大学，2015.

[22] 李亚楠．彼得·伯克与彼得·伯克的图像 [D]．呼和浩特：内蒙古大学，2015.

[23] 郭晓英．从“还原”佛界到融入世俗——内蒙古西部地区美岱召与乌素图召壁画比较研究 [D]．呼和浩特：内蒙古师范大学，2015.

[24] 刘书妍．清治蒙政策下北京和内蒙古地区藏传佛教建筑形态比较 [D]．呼和浩特：内蒙古工业大学，2015.

[25] 王琳．拉卜楞寺与五当召大殿建筑形态比较研究 [D]．呼和浩特：内蒙古工业大学，2015.

[26] 刘晓梅．明中期以藏传佛教为纽带的蒙藏民族关系初探——以俺答汗为切入视角 [D]．烟台：烟台大学，2016.

[27] 丁哲．论“五世达赖喇嘛会见固始汗”绘画艺术特色与历史内涵 [D]．昆明：云南大学，2016.

[28] 索丽娅．蒙古族题材壁画研究与创作实践 [D]．呼和浩特：内蒙古师范大学，2017.

[29] 苏日古嘎．美岱召壁画艺术研究 [D]．呼和浩特：内蒙古大学，2017.

[30] 张程．蒙古族文化在召庙壁画中的应用 [D]．唐山：华北理工大学，2018.

[31] 闫晓彤．五当召苏古沁殿壁画研究 [D]．呼和浩特：内蒙古师范大学，2019.

[32] 李熙瑶．五当召藏传佛教建筑信仰空间特质研究 [D]．呼和浩特：内蒙古工业大学，2020.

[33] 朱雨馨．“文化空间”视域下的昆都仑召壁画艺术探究 [D]．呼和浩特：内蒙古师范大学，2021.

[34] 李蕾．美岱召壁画对蒙古族题材工笔画色彩的影响 [D]．大连：辽宁师范大学，2021.

期刊中析出的文献

[1] 程旭光，刘毅彬．美岱召召庙建筑、壁画艺术考察报告 [J]．内蒙古师大学报（哲学社会科学版），1983（3）：34–38+131.

[2] 炳章．内蒙著名佛寺五当召 [J]．法音，1983（6）：84.

[3] 张世彦．壁画的构图 [J]．美术研究，1984（1）：22–25.

[4] 梁运清．壁画杂谈 [J]．美术研究，1984（1）：28–29.

[5] 刘凌沧．传统壁画的制作和技法 [J]．美术研究，1984（1）：30–34.

[6] 宫其格．我怎样临摹古代壁画 [J]．美术研究，1984（1）：35–36.

[7] 张世彦．绘画构图的美感 [J]．美术研究，1984（3）：8–17.

[8] 安旭．西藏明清雕塑与绘画 [J]．美术研究，1984（3）：69–78.

[9] 奇赛波·杜齐，张保罗．西藏绘画与雕塑 [J]．美术研究，1984（3）：79–83.

[10] 姚桂轩，翟文．五当召及其在内蒙古历史上的地位 [J]．阴山学刊，1988（1）：120–125.

[11] 熊文彬．白居寺壁画风格的渊源与形成 [J]．中国藏学，1995（1）：44–58.

[12] 钱正坤．青海乐都瞿昙寺壁画研究 [J]．美术研究，1995（4）：57–63.

[13] 熊文彬．西藏夏鲁寺集会大殿回廊壁画内容研究 [J]．文物，1996（2）：78–87+99–100.

[14] 蒲文成．青海是藏传佛教文化传播发展的重要源头 [J]．青海民族学院学报，1998（2）：1–7+38.

[15] 葛根高娃．论 16 世纪下半叶藏传佛教传入蒙古之原因 [J]．内蒙古社会科学，1998（5）：27–34.

[16] 冯力．敦煌早期壁画的构图美 [J]．艺苑（美术版），1998（3）：41–43.

[17] 师永珍．名刹古寺旅游胜地——五当召 [J]．理论研究，1998（5）：49–50.

[18] 王磊义．五当召的九大佛寺壁画 [J]．内蒙古文物考古，2000（1）：146–150.

[19] 康·格桑益希．西藏阿里古格藏传佛教壁画艺术特色初探 [J]．康定民族师范高等专科学校学报，2001（2）：1–5.

[20] 白世君，呼和巴雅尔．阴山名刹——五当召 [J]．内蒙古统战理论研究，2002（3）：42–43.

[21] 乔宁，张笑宇．昆都仑召：神秘的藏传佛教圣地 [J]．内蒙古统战理论研究，2005（3）：43.

[22] 谢继胜，廖旸．瞿昙寺回廊佛传壁画内容辨识与风格分析 [J]．故宫博物院院刊，2006（3）：16–43+155–156.

[23] 曲杰．西藏佛寺壁画管理存在的问题及解决措施——以山南桑耶寺为例 [J]．西藏艺术研究，2007（2）：59–66.

[24] 侯霞，潘春利．内蒙古藏传佛教建筑的壁画艺术研究 [J]．美术大观，2008（6）：206.

[25] 王磊义．内蒙古五当召藏唐卡艺术 [J]．收藏界，2008（7）：49–52.

[26] 王力．阿柔部落述考 [J]．青海社会科学，2009（3）：58-161.

[27] 王欣欣，高俊峰．藏传佛教艺术在河北的历史与传承 [J]．作家，2009（24）：235-236.

[28] 罗桑开珠．藏传佛教造像艺术的结构体系及其象征意义 [J]．中央民族大学学报（哲学社会科学版），2009（1）：126-134.

[29] 潘春利．内蒙古地区藏传佛教召庙的布局风格 [J]．内蒙古大学艺术学院学报，2009，6（2）：63-66.

[30] 袁凯铮．试论藏传佛教铜佛像外部特征与其制作工艺 [J]．西北民族大学学报（哲学社会科学版），2009（5）：82-89.

[31] 包博文．《藏传佛教寺院美岱召五当召调查与研究》出版发行 [J]．内蒙古文物考古，2010（1）：114.

[32] 刘临安，李樱樱．历史建筑遗址的保护、复修与展示——以内蒙古五当召的庚毗召为例 [J]．北京建筑工程学院学报，2010，26（1）：1-4+9.

[33] 杜晓黎．内蒙古地区壁画保护修复的回顾与展望 [J]．内蒙古文物考古，2010（1）：100-106+116.

[34] 袁凯铮．西藏中部铜佛像制作工艺传统的转换——从尼泊尔传统到昌都传统 [J]．西藏研究，2011（4）：93-104.

[35] 张义忠，郭兆儒．包头昆都仑召建造过程考 [J]．河南大学学报（自然科学版）2011，41（1）：108-110.

[36] 余粮才，王力．藏传佛教格鲁派在蒙古地区的传播方式及其特点 [J]．西藏大学学报（社会科学版），2011，26（3）：117-122.

[37] 王倩倩．藏传佛教格鲁派在土默特地区的传播及影响 [J]．成功（教育），2011（8）：270-271.

[38] 阿罗·仁青杰博．藏传佛教密宗佛像的一般特征 [J]．群文天地，2011（7）：41-44.

[39] 谢继胜，贾维维．元明清北京藏传佛教艺术的形成与发展 [J]．中国藏学，2011（1）：149-161+2.

[40] 王建军，张涛．五当召却伊拉殿佛像及壁画简介 [J]．新西部（下旬．理论版），2011（13）：95.
[41] 刘丽超．浅析藏传佛教舞蹈仪式与佛像形态 [J]．神州，2012（17）：201.
[42] 张晓艳．从陕西历史博物馆藏金铜佛像看藏传佛教艺术 [J]．文博，2012（2）：76–79.
[43] 嘉益·切排，双宝．阿升喇嘛考 [J]．青海民族研究，2012，23（1）：80–85.
[44] 刘冬梅．造像之美：法度与实践——从西藏唐卡画师的艺术实践看藏传佛教造像的美学观 [J]．中国藏学，2013（3）：137–143.
[45] 罗桑开珠．浅析藏传佛教造像艺术的文化元素及其特征 [J]．中央民族大学学报：哲学社会科学版，2013，40（2）：153–157.
[46] 韩瑛，张鹏举，宝山．内蒙古包头地区的藏传佛教建筑概况 [J]．山西建筑，2013，39（1）：1–3.
[47] 梁姝丹．清代阜新地区藏传佛教圣经寺壁画艺术研究 [J]．黑龙江民族丛刊，2013（4）：105–111.
[48] 刘咏梅．浅析包头市昆都仑召与五当召壁画之异同——以《如意藤本生经》壁画为例 [J]．南京艺术学院学报（美术与设计版），2013（4）：39–40.
[49] 任美平，张琰，郭静．佛教对内蒙古西部地区寺庙经变壁画的影响 [J]．内蒙古农业大学学报（社会科学版），2013，15（6）：105–108.
[50] 张玉皎．浅谈内蒙古学问寺 [J]．内蒙古师范大学学报（哲学社会科学版），2014，43（3）：97–101.
[51] 吴建磊．从藏传佛类造像看藏传造像艺术风格的演变 [J]．大众文艺，2014（10）：67–68.
[52] 田瑶．论佛像的手印与其文化思维 [J]．商，2014（6）：86.
[53] 段以建．论林风眠仕女画对佛教壁画的借鉴与创新 [J]．南京艺术学院学报（美术与设计版），2014（6）：72–74+226.
[54] 郭兆儒，张献梅．古刹五当召建筑规划艺术谈 [J]．河南机电高等专科

学校学报，2014，22（3）：52-54.

[55] 莎日娜．内蒙古西部地区藏传佛教建筑和传统藏传佛教建筑的比较——以西宁塔尔寺、包头五当召为例 [J]．大众文艺，2014（7）：271-272.

[56] 杨琳琳．五当召建筑外部空间与环境艺术探析 [J]．设计艺术（山东工艺美术学院学报），2015（1）：88-91.

[57] 刘明洋．融合、演变——包头藏传佛教建筑汉藏合璧的艺术风格 [J]．华中建筑，2015，33（7）：146-149.

[58] 刘伟冬．图像学与中国宗教美术研究 [J]．新美术，2015，36（3）：94-117.

[59] 乌云毕力格．三世达赖喇嘛圆寂地考 [J]．中国藏学，2015（3）：344-349.

[60] 王璐．召庙文化移动应用设计研究——以五当召为例 [J]．艺术科技，2016，29（11）：98.

[61] 张山丹．浅谈如何做好寺院唐卡保护——以内蒙古五当召唐卡为例 [J]．中国民族博览，2016（7）：207-208.

[62] 王玉，王博．馆藏之明代藏传佛教金铜像 [J]．文物鉴定与鉴赏，2016（7）：4-19.

[63] 王磊义．内蒙古藏传佛寺壁画与唐卡中的地域特色 [J]．中国藏学，2016（1）：185-190+231.

[64] 吴琼．“上帝住在细节中”——阿比·瓦尔堡图像学的思想脉络 [J]．文艺研究，2016（1）：19-30.

[65] 刘文杰，邱勇哲．璨如莲花五当召 [J]．广西城镇建设，2016（9）：110-122.

[66] 陈星桥．包头市五当召 [J]．法音，2017（9）：90.

[67] 侯非．内蒙古五当召外部景观空间探究与应用 [J]．现代园艺，2017（16）：108-109.

[68] 赵焱．浅谈寺庙环境规划设计理念——以包头市昆都仑召庙园林环境改造设计为例 [J]．居舍，2017（27）：84+116.

[69] 陈粟裕．“图像学与风格史：亚洲宗教美术研究方法论”学术讨论会会议综述 [J]．世界宗教研究，2017（2）：190-192.

[70] 侯婧茹．浅析藏传佛教造像与汉传佛教造像的特征和区别 [J]．青春岁月，2017（15）：22+21.

[71] 付异墨，谭向东．谈内蒙古藏传佛寺壁画与唐卡中的地域特色 [J]．山西建筑，2017，43（9）：198-199.

[72] 王志强，孔宇航，孙婷．五当召佛教建筑原型提取及其当代转译 [J]．新建筑，2018（6）：14-18.

[73] 当增吉．圣物的流通——蕃尼古道上的尼泊尔鎏金铜佛流通考察 [J]．西藏艺术研究，2019（4）：57-62+80.

[74] 梁瑞．试论蒙元壁画中神佛造像的谱系演化——以13—18世纪蒙元壁画中达摩多罗与布袋和尚为例 [J]．美术大观，2020（6）：71-73.

报纸中析出的文献

[1] 洪彬．石拐区探索绿色转型之路 [N]．包头日报，2014-12-22（5）.

[2] 张春海．推进中国图像史学理论构建 [N]．中国社会科学报，2015-12-02（2）.

[3] 于颖．图像史学：学科建立的可能性 [N]．文汇报，2016-08-05（W06）.

[4] 韩丛耀．建立中国图像史学的理论体系 [N]．中国社会科学报，2018-01-30.

后记

作为一名内蒙古呼和浩特市人，自小便常去大召、席力图召、乌素图召玩耍。记得那时看那些壁画，虽然不知道上面画的是什么内容，但总觉得旧旧的颜色很好看，形象也多样有趣。上大学学习美术之后，从美术史中了解了一些相关的壁画内容，更是经常去乌素图召写生，可每隔几年就发现老壁画残破的越来越多，甚至后来有的整面墙都变成了新绘制的图样，看上去线条运笔、色彩细节已没有之前韵味和考究，但当时除了遗憾叹息也毫无办法。

真正开始系统研究内蒙古地区召庙建筑中遗存的古代壁画始于工作后看到张鹏举老师所著的《内蒙古藏传佛教建筑》丛书。书中记录了内蒙古自治区内具有一定规模和研究价值的召庙建筑，其中还注明了各召庙殿堂内的新旧壁画信息。书中记录了110座召庙，可其中遗存古代壁画的还不到召庙建筑总数的十分之一。大部分的召庙建筑建造时皆绘有壁画，但随着几百年的自然及人为损耗，壁画的保存比建筑的砖木结构更加困难，这也使我想起身边的乌素图召壁画在这十几年的消损，也更清晰地认识到了保护它们的必要。本书尽可能地选取了召庙壁画中更多的图像，希望能让读者对内蒙古地域召庙建筑壁画艺术有更全面、更深入的了解。

本书的完成历经了五年时间，每个召庙都经过多次调研，但每次去看到壁画的变化都会愧疚怎么没来得再早一点，在它们破损之前见到并记录。2020年8月去鄂尔多斯调研时，听闻当地的召庙在那几年的时间都经历了不同程度的翻新和修整，很多老壁画已经不在了，据说有的被揭取保护，有的直接被白色的腻子覆盖了。我们的向导是一位当地的朋友，他说之前还在阿日赖庙见过古代壁画，我们马上驱车前往，结果到了发现墙上已布满了新绘制的壁画，只有旁边的小屋还存有一张旧时的唐卡。后来又走访了数座召庙，皆是只留有建筑而不见壁画。好在到了乌审召看到了清代绘制的独具风格的壁画，欣喜之余更是如扫描般记录着壁画细节。2023年初再去乌审召调研时，发现东西两壁壁画下方脱落得更厉害了，很多三年前能看到的内容已经完全破损不见了。2020年底调研了呼和浩特的大召和席力图召，当时北方正值寒冬，伴着呼和浩特近零下三十度的天气，在没有暖气温度与室外无异的召庙殿堂中，整日无休地拍摄照片、记录细节，经常拍到相机没电准备换电池的时候发现浑身已冻僵，手部姿势都凝固在按快门键上。当下却也不觉得苦，完全沉浸在古代壁画的艺术世界中，只希望把壁画中的每一个细节都记录下来。2023 年再去调研时，席力图召的古佛殿东西两壁的上部，壁画色彩和线条也变浅甚至于几乎无法看清。把拍摄的照片拿回来与三年前的对比，看到损坏的程度，深感痛心，却也没有更好的保护办法，只能拿着之前相对清晰的照片聊以自慰。2021 年调研的呼和浩特乌素图召、包头五当召、美岱召和昆都仑召，这几个召庙也恰是多年前去旅游看过的召庙，对里面的壁画情况和内容已经有所了解。不过再去还是很唏嘘，几乎每个召庙的壁画相较于几年前的样貌，都有不同程度的破损。2022 年只隔一年再去昆都仑召，却也看见不愿看见的新破损痕迹。

如果再不抓紧时间记录这些历史留下的艺术痕迹，可能随着时间的推移没有人能再见到它们了，这将是非常遗憾的一件事。虽然由于每个召庙的规章制度所限，无法采用更好的光照设备辅助拍摄记录每幅壁画的细节，但也竭尽所能尽地留存记录所见壁画，有的图片如清晰度不够观看细节，也希望感兴趣的读者可去现场一观。作者水平有限，书中难免存在错误，望广大读者不吝指正。本书旨在抛砖引玉，希望在发掘壁画艺术价值的同时，能够更多地抢救、留存这些珍贵的历史文物。

艾妮莎

2023 年 11 月

写于呼和浩特市